La salud planetaria

La gran conexión

Fernando Valladares, Xiomara Cantera
y Adrián Escudero

 CSIC

CATARATA

Primera edición: mayo de 2022
Segunda edición: junio de 2025

© Fernando Valladares, Xiomara Cantera y Adrián Escudero, 2025
© CSIC, 2025
http://editorial.csic.es
editorialcsic@csic.es
© Los Libros de la Catarata, 2025
Fuencarral, 70
28004 Madrid
Tel. 91 532 20 77
www.catarata.org

ISBN (CSIC): 978-84-00-11424-4
ISBN ELECTRÓNICO (CSIC): 978-84-00-11425-1
ISBN CATARATA: 978-84-1067-366-3
ISBN ELECTRÓNICO (CATARATA): 978-84-1067-367-0
NIPO: 155-25-071-8
NIPO ELECTRÓNICO: 155-25-072-3
Depósito legal: M-12684-2025
THEMA: PDZ/RNCB/RNK

Índice

¿POR QUÉ ESTE LIBRO ES NECESARIO? 5

CAPÍTULO 1. ¿Por qué nos interesa proteger
la biodiversidad? 9

CAPÍTULO 2. One Health, la salud no es solo
una cuestión médica 27

CAPÍTULO 3. La crisis medioambiental:
pérdida de especies y ecosistemas 36

CAPÍTULO 4. Agricultura, la primera ruptura
metabólica global 51

CAPÍTULO 5. Cambio climático, la segunda gran ruptura
metabólica global 75

CAPÍTULO 6. La conservación y la restauración
de la naturaleza 100

CAPÍTULO 7. Reflexiones y propuestas de acción 121

BIBLIOGRAFÍA 139

¿Por qué este libro es necesario?

En los años setenta, en concreto en 1979, el grupo británico The Police publicó la canción "Message in a Bottle", la historia de un náufrago que, desesperado ante la soledad, envía un mensaje de socorro desde una isla desierta. Busca ayuda para no caer en la desesperación que le provoca estar completamente aislado. El náufrago no recibe ninguna respuesta y continúa en soledad durante más de un año hasta que un día, paseando por la playa, descubre millones de botellas con mensajes de auxilio que han llegado de todos los rincones del planeta hasta la isla desierta. "Parece que no estoy solo en esto de estar solo", canta el grupo.

De la misma manera, también desde los años setenta, hay toda una legión de personas expertas en biología, geología, física de la atmósfera, e incluso economía o sociología, que vienen lanzando mensajes de alarma sobre la ruptura del equilibrio planetario como consecuencia de la acción del ser humano, una ruptura que está afectando globalmente a toda la vida del planeta y que pone en peligro la supervivencia de nuestra propia especie. Mensajes de auxilio que no han sido escuchados con la celeridad que requerían, pero que no por ello son menos críticos y apremiantes. Son casi 50 años los que la comunidad científica lleva alertando sobre las consecuencias de esta relación perniciosa que el ser humano tiene con la naturaleza. Cincuenta años en los que se ha alertado sin descanso de la necesidad de reducir las emisiones de gases de efecto invernadero como el dióxido de carbono (CO_2) o el metano (CH_4), que provocan el calentamiento del planeta, o advertido de que perder especies y degradar ecosistemas tiene consecuencias graves que nos conducen a situaciones difíciles de revertir.

Pero ¿por qué el mensaje científico y el de los movimientos ambientalistas no se ha traducido en medidas eficaces tras décadas denunciándolo? ¿Por qué seguimos hoy con los problemas que ya se planteaban en la década de los setenta del siglo pasado o en la Cumbre de la Tierra de Río de Janeiro en 1992? No es fácil encontrar una respuesta, pero existen tres inercias que explican, en parte, la falta de acción. Por un lado, tenemos la inercia del ser humano que nos hace proclives a seguir haciendo las cosas como siempre. Por otro lado, el sistema político y económico dominante, el capitalismo, que aboga por una forma de progreso y crecimiento infinito que choca con los límites del planeta. Finalmente, la tercera es la que generan los dilatados tiempos de reacción de la mayor parte de los sistemas naturales, lo cual limita nuestra capacidad para percibir los cambios. Otro obstáculo que también nos inclina hacia la inacción está en las limitaciones propias del método científico. Para pasar de meras observaciones y correlaciones a mecanismos y conclusiones sobre las causas, la ciencia requiere experimentación. Y claro, con un solo planeta, y con la escala planetaria de los cambios ambientales, resulta muy difícil, si no imposible, abordar experimentalmente muchos de los problemas que aquejan a la humanidad. De ahí que la ciencia del cambio global no termine de ser concluyente en algunos aspectos clave. En este libro proponemos argumentos y vías para cambiar la deriva y las inercias de estas tendencias, con la salud humana y no humana en el centro de todo.

Y con todo lo que se ha escrito ya, ¿qué novedad podemos aportar? ¿Qué posibilidades tiene este libro de ser leído? ¿Es realmente necesario? ¿Cómo sabemos que no será otro mensaje en una botella que otros tantos náufragos han enviado en estas décadas? Quizá sea precisamente la conexión explícita que establecemos entre el estado del medioambiente, la salud del planeta y la salud de cada uno de nosotros lo que pueda despertar interés en audiencias nuevas y poner en primera línea una serie de cuestiones medioambientales que solo parecen importar a un pequeño, aunque creciente, sector de la sociedad. Con esa ilusión lo escribimos y por ese motivo pensamos que este mensaje resonará con los programas y proyectos sobre salud planetaria y una única salud global, One Health[1], que desde hace unos años empiezan a ganar fuerza en todo el mundo.

Puede que este libro sea un mensaje más a la deriva en el mar de la comunicación, cada vez más plagado de desinformación, que rige la sociedad actual, pero también puede ser una demostración de que no estamos solos en una isla, sino que vamos camino de ser millones remando en una nueva dirección. Podemos salir de la isla con un mensaje claro y urgente: si nos preocupa nuestra salud, debemos abordar cuanto antes la salud del planeta y cambiar nuestra relación con la naturaleza. La Tierra necesita un tratamiento médico que revierta sus problemas de salud. Lo curioso es que, en esta ocasión, tendremos que ser los propios pacientes los que hagamos de médicos.

---

1. El grupo de trabajo de la ONU define One Health como los esfuerzos de colaboración de múltiples disciplinas (personal médico, veterinario, investigador, etc.) que trabajan local, nacional y globalmente para lograr una salud óptima para las personas, los animales y nuestro medioambiente.

CAPÍTULO 1

¿Por qué nos interesa proteger la biodiversidad?

¿Qué es la biodiversidad?

El término biodiversidad entra dentro de los conceptos que no dudaríamos en meter en la bolsa de "lo que sabemos", una de esas palabras que, de tanto utilizarlas para todo, se ha convertido en algo casi inútil. Ahora bien, si nos pidieran una definición formal, la mayoría pasaría un mal rato intentando sacar algo coherente de la chistera. "La biodiversidad es eso de las especies, los animales, las plantas, los documentales de La 2, Félix Rodríguez de la Fuente, bueno, no sé, ¿por qué me preguntas eso?".

Una definición sencilla de biodiversidad podría ser que es la riqueza de formas con la que se expresa la vida, lo cual engloba a todos los seres vivos, desde los grandes mamíferos hasta los genes y el amplio abanico de moléculas que contiene cada individuo. Esta descripción también incluye las entidades más o menos complejas en las que se organizan los seres vivos: desde la pareja formada por un polinizador especialista y su planta nutricional que requiere de sus servicios para reproducirse, a los ecosistemas completos que son una amalgama compleja y no siempre cerrada de organismos que coinciden en el tiempo y en el espacio.

Una definición algo más académica nos hace ver la diversidad biológica como una especie de cebolla con diferentes capas en la que lo más sencillo queda en el interior y la complejidad aumenta con el tamaño de las capas (figura 1). Es una cebolla organizada en tres pilares. El primero sería el de la composición, es decir, lo que es contable, que dejaría los genes en las capas profundas, colocando los ecosistemas en la superficie tras pasar por las capas de las poblaciones y las especies. El segundo sería un componente funcional que nos hablaría de lo que hace la diversidad, lo cual empaquetaría los procesos genéticos en el corazón de la hortaliza y dejaría en las capas externas los procesos a nivel de paisaje como la insularidad, pasando por las dinámicas demográficas de cada población o las interacciones entre las especies como la competición o el mutualismo. Finalmente, el tercer pilar consideraría la diversidad biológica como la organización arquitectónica en la que esa riqueza se puede presentar, lo cual iría desde la estructura genética a los patrones que aparecen a nivel de paisaje, con remanentes de bosques, setos, pastos y zonas cultivadas donde las especies se organizan de forma predecible. En definitiva, cuando hablamos de *diversidad* podemos decir que hablamos de cualquier expresión de la vida.

Desafortunadamente, sin darnos cuenta, tendemos a esquematizar esta diversidad en una simple enumeración. Para la mayoría, la biodiversidad es solo una lista de especies, una visión que reduce enormemente su complejidad ya que se queda en la parte meramente numérica y solo hace referencia a un nivel de organización de la vida. Según esta interpretación, un sitio más diverso sería aquel que tiene más especies y uno pobre, el que tiene menos. Pero si salimos del ámbito de las personas a las que les interesa el medioambiente, la simplificación es generalmente mucho mayor. Nos atrevemos a decir que la mayoría solo incluiría en esa enumeración a los vertebrados y, como mucho, a alguna planta, imagen que reduce, aún más, el mero listado de especies.

FIGURA 1

Los pilares de la biodiversidad. La biodiversidad puede conceptualizarse como una cebolla dividida en tres pilares: composición, funciones y organización de la biodiversidad. A partir de ahí, las capas del centro albergarían las nociones más elementales y lo más complejo correspondería a las capas externas.

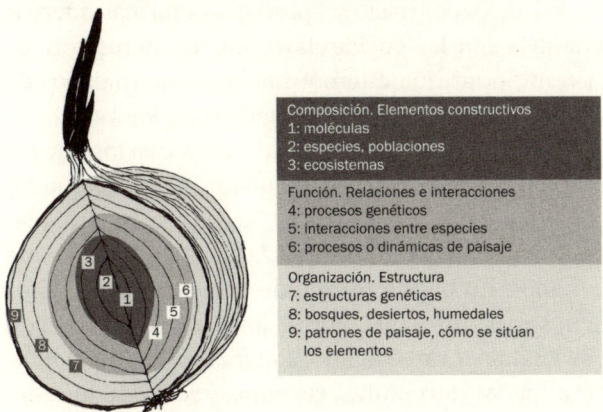

Composición. Elementos constructivos
1: moléculas
2: especies, poblaciones
3: ecosistemas

Función. Relaciones e interacciones
4: procesos genéticos
5: interacciones entre especies
6: procesos o dinámicas de paisaje

Organización. Estructura
7: estructuras genéticas
8: bosques, desiertos, humedales
9: patrones de paisaje, cómo se sitúan
   los elementos

Para la mayoría de la gente, los mamíferos y las aves son ídolos y los demás seres vivos, en el mejor de los casos, simples acompañantes que se organizan como una cascada, pero que no merecen ser tenidos en cuenta. Vamos, que si un sitio es rico en aves y bichos con pelo, sobre todo si son especies de grandes mamíferos o de aves rapaces, debe de serlo de todo lo demás. Como veremos, estos animales con impacto mediático proporcionan algo parecido a un paraguas bajo el cual la sociedad ve con buenos ojos su conservación y con ella la del resto de la diversidad biológica con la que coexisten. Sin embargo, lo que pase en áreas donde no están presentes estas especies emblemáticas no suele tener el menor interés para la mayoría.

Recuentos e inventarios para conservar la biodiversidad

Uno de los caminos por los que empezaron a andar las ciencias naturales modernas fue haciendo recuento de esa complejidad biológica. Los primeros biólogos —que entonces eran personas interesadas en el poder curativo de las plantas (los primeros farmacéuticos), religiosos o aristócratas— recogían, ordenaban y catalogaban todo lo que encontraban en sus paseos y expediciones como lo haría quien colecciona sellos o monedas. Daban rienda suelta a la necesidad humana de organizar y meter en cajones todo lo que es complejo y aparece con formas diferentes, las cucharillas con las cucharillas y los tenedores con los tenedores, sin importar que estemos hablando de soldados de plomo, monedas, sellos o especies vegetales o zoológicas.

El coleccionista busca caracteres comunes con los que reducir la complejidad que observa. Aquellos biólogos, que no lo eran formalmente porque la ciencia y la profesión tardarían mucho tiempo en aparecer como tal, clasificaban todo lo que caía en sus manos. Lo hacían utilizando caracteres morfológicos, conspicuos y medibles: el color de los pétalos, la forma de las hojas o de cualquier otro órgano, su tamaño, la ornamentación de determinadas estructuras, etc. Cualquier cosa que permitiera separar lo que los taxónomos consideraban especies y que no eran más que entidades morfológicamente homogéneas y reconocibles con base en algunos atributos diagnósticos más o menos identificables. Es lógico relacionar desde entonces diversidad biológica con la riqueza de especies y la complejidad de la vida con todos los cajones que el clasificador —taxónomo— ha ido necesitando para organizar esa variedad de organismos que recolectaba.

Hoy, tanto los taxónomos como los naturalistas siguen tratando de documentar la biodiversidad planetaria nutriendo bases de datos de carácter global como GBIF[2], que actualmente contiene más de 33 millones de registros de diferentes especies. Lamentablemente, las políticas mundiales sobre el conocimiento de la biodiversidad no parecen estar dirigidas a solventar el grave problema que supone la pérdida de los datos de las especies que se extinguen. Y es que cada ser vivo

---

2. Infraestructura Mundial de Información en Biodiversidad, en https://www.gbif.org/es/.

que desaparece se lleva consigo una información imposible de recuperar.

Para seguir conociendo nuestro planeta, que es el primer paso para protegerlo, es vital reconocer la importancia de las colecciones de historia natural y apoyar su ampliación y mantenimiento. Más allá de su papel educativo y divulgativo, los museos de historia natural o los jardines botánicos albergan información valiosa de miles de especies, que nos muestra cómo era la biodiversidad en un momento concreto; datos históricos sobre las comunidades ecológicas, que son imprescindibles para cualquier estudio actual sobre conservación. No se pueden planificar programas de restauración de hábitats o estimar el número de especies necesario para un ecosistema funcional si no sabemos qué especies lo poblaban. Es crítico reconocer que seguimos sin conocer buena parte de la diversidad.

La importancia de las relaciones entre seres vivos

Por mucho que los organicemos, es evidente que los individuos agrupados bajo el paraguas de una especie no están solos en el planeta, sino que, organizados en forma de poblaciones de individuos de tamaño, número y densidad muy variados, forman comunidades complejas junto con los individuos de otras especies. Las interacciones entre las poblaciones que encontramos dentro de las comunidades resultan clave para entender la estructura de la diversidad en niveles de complejidad creciente. Esa enorme variedad de especies que coinciden en el espacio y en el tiempo no son una suma azarosa de cromos, sino el resultado de las interacciones entre diferentes seres vivos que se articulan en forma de redes más o menos complejas. Los individuos de una misma comunidad biológica interaccionan mediante mecanismos de muy diferente naturaleza; a veces compiten, otras se parasitan, se comen o se ayudan a través de relaciones mutualistas como la polinización, la dispersión de frutos y semillas o la generación de islas de recursos para otras especies cuando las condiciones ambientales son adversas. De manera que una lista de especies que coexisten en el espacio y en el tiempo —una comunidad biológica— es también una red compleja de entidades que interaccionan.

Como ocurre en cualquier otra red, la del metro de una gran urbe o la de aeropuertos que interconectan ciudades de todo el mundo, en las redes de interacción biológica puede haber nodos centrales —especies clave— que son críticas para el funcionamiento de toda la red y que, como centrocampistas en un equipo de fútbol, dan pases y ordenan el juego, y elementos periféricos que, como el utillero, no son esenciales para el desarrollo del partido y por lo tanto son secundarios para el mantenimiento del equipo.

En definitiva, las interacciones, positivas o negativas, patogénicas o simbióticas, y las redes que las articulan son también expresiones de la diversidad biológica. Por tanto, la biodiversidad no solo sería el listado de especies o, si bajamos en el nivel de organización biológica, el listado de genes contenidos en cada individuo (diversidad genética) o de moléculas (diversidad metabolómica), sino también el listado de las configuraciones que resultan de la conexión entre los elementos que componen esa lista de seres vivos. Es necesario dar ese salto para entender la importancia que tiene la biodiversidad para nuestro bienestar.

Si el ser humano simplifica la diversidad biológica convirtiéndola en listados, la conexión entre nuestro desempeño como individuos y como sociedades humanas con la naturaleza solo se puede establecer a través de dos vías: lo que aporta cada especie como recurso, de manera que lo importante sería tan solo garantizar que el recurso no desaparezca, y lo que significa cada especie en el marco de lo simbólico y espiritual.

En el primer grupo entrarían todas las especies de las que sacamos un provecho directo, desde las productoras de madera o frutos silvestres a las que consumimos desde sus *stocks* naturales, como buena parte de las piscícolas o las cinegéticas, que a lo largo de nuestra historia han sido claves para nuestra subsistencia. En ese contexto incluiríamos también las moléculas y genes confinados a una especie, además de otras moléculas compartidas entre varias, pero que resultan clave para usos terapéuticos. Es el caso del taxol, un metabolito que se extrajo del tejo norteamericano (*Taxus brevifolia*), por cierto, con problemas de conservación, y que ha sido la herramienta terapéutica clave para la lucha contra un buen número de cánceres durante los últimos 30 años, especialmente el de mama. Hoy en día somos capaces de sintetizarlo en las plantas farmacéuticas, pero de no haber existido en la naturaleza hubiera sido imposible su uso sanador. Lo mismo ocurre con las especies proveedoras de todo tipo de drogas que nos han ayudado a sobrellevar la existencia, no siempre fácil, que van desde la marihuana a la coca o la adormidera.

En el segundo grupo, el del marco simbólico y el impacto psicológico correspondiente, entrarían las especies icónicas capaces de mover nuestros sentimientos más positivos. Son animales como el oso cantábrico, nuestro querido lince ibérico o los koalas, entre otros. Asociado a este marco psicológico o espiritual encaja lo que el aclamado entomólogo de Harvard, Edward Wilson, llamaba biofilia: esa sensación endógena de bienestar que experimentamos cada uno de nosotros cuando nuestro entorno es diverso biológicamente. Algo que se plasma en los esfuerzos que, desde todos los ámbitos del conocimiento, se están haciendo para convertir nuestras ciudades y espacios de proximidad en lugares con una biología lo más diversa posible.

Sin embargo, estas dos formas de valoración de la biodiversidad no son suficientes para entender la conexión entre la diversidad biológica y el funcionamiento ecosistémico, y especialmente entre biodiversidad y los servicios de todo tipo que la naturaleza ofrece a las sociedades humanas. Por ejemplo, la conexión entre diversidad en términos de riqueza y productividad primaria, algo ligado a la fertilidad y a la forma en que diferentes especies se complementan entre sí, está bien establecida. Eso quiere decir que, en igualdad de condiciones, los sistemas biológicos más diversos son capaces de producir más biomasa por superficie. Algo que olvidamos sistemáticamente cuando simplificamos nuestro entorno a base de crear monocultivos y que nos tienen que recordar muchas culturas indígenas donde los cultivos mixtos son la norma.

Si entendemos todo lo anterior, podremos ver hasta qué punto la pérdida de especies no solo supone que dejemos de ver cierto pájaro o escarabajo cuando paseamos por el monte, sino que implica la pérdida de cientos o miles de interacciones y procesos que son esenciales para nuestro bienestar e incluso, a la larga, para nuestra subsistencia como especie.

Las piezas de un ecosistema

Uno de los elementos más complejos y a la vez esenciales a los que da lugar la biodiversidad son los ecosistemas, un sistema en el que conviven multitud de formas de vida de todos los reinos y sus maneras de organizarse. Se trata de un espacio con diferentes propiedades en función de los elementos que lo configuran y caracterizan: su orografía y composición geológica, los cauces de agua que lo surcan, la altitud a la que está, las temperaturas que soporta o la radiación solar que recibe y, por supuesto, las especies que lo habitan. Simplificando mucho, podemos decir que en cada ecosistema los animales, plantas, hongos, microorganismos y todo tipo de entidades biológicas tratan de aprovechar tanto la energía que atesora, que en última instancia procede del sol, como el agua y los nutrientes esenciales para sobrevivir y dejar su descendencia, su herencia genética. Porque el objetivo compartido de todos los seres vivos es reproducirse y transmitir sus "instrucciones de uso", su ADN o código genético, para perpetuar a su especie en el planeta.

Para desafiar un poco al lector, mencionemos algunos ecosistemas inesperados como nuestra nariz, nuestros intestinos o incluso nuestro ombligo. Son sistemas sorprendentemente ricos en especies en los que, con un cierto grado de autonomía, se despliega toda una serie de interacciones biológicas y procesos ecológicos. Otros ecosistemas abundantes, pero poco reconocidos, son los taludes de carreteras, las explotaciones mineras abandonadas, los descampados y las propias ciudades. Tengámoslos en cuenta porque andamos mal de ecosistemas, así que todo reservorio de biodiversidad y procesos ecológicos es un bien muy preciado en un mundo transformado por el ser humano.

LOS SERVICIOS ECOSISTÉMICOS

Los servicios ambientales o ecosistémicos son aquellos que nos aporta el funcionamiento adecuado de los ecosistemas. Se trata de aspectos muy importantes para la humanidad que van desde la obtención de agua potable, aire respirable, madera o suelos fértiles, hasta el mantenimiento de las dinámicas climáticas o elementos inmateriales como el bienestar psíquico. Son, en definitiva, aquellos beneficios que un ecosistema aporta gratuitamente a la sociedad y que mejoran la salud, la economía y la calidad de vida de las personas. Desafortunadamente, buena parte de ellos no son tenidos en cuenta cuando hacemos una evaluación puramente económica de nuestras necesidades.

Igual que lo hacen las cadenas de montaje de una fábrica o los microorganismos que configuran nuestro cuerpo, en los ecosistemas hay numerosas piezas en forma de seres vivos que hacen posible que estos sean funcionales, es decir, que mantengan sus propiedades en el tiempo y se renueven. Las plantas retienen el suelo y producen oxígeno además de servir de alimento a herbívoros, grandes y pequeños, y multitud de hongos y microorganismos; los herbívoros controlan que el crecimiento de las plantas no sea excesivo y sirven de alimento a los carnívoros. En función de la energía, la estructura geológica, el espacio y el agua disponibles, el ecosistema tendrá mayor o menor número de especies. En los trópicos hay muchas más que en los bosques templados, y muchísimas más que en los desiertos. Se trata de una maquinaria que funciona de manera similar, aunque se ubique en áreas muy diferentes del planeta. De hecho, hay estudios que analizan la función análoga de especies presentes en ecosistemas diferentes en zonas muy distantes. Igual que las gacelas contienen el crecimiento de las plantas en la sabana africana, los canguros se encargan de regular el del forraje en la inmensa Australia. De la misma forma que los linces controlan las poblaciones de conejos en Sierra Morena, los zorros o los cernícalos regulan la cantidad de topillos en los bosques de Zamora. En definitiva, se establecen múltiples relaciones entre las especies que van desde la depredación a la colaboración y que, cuando se desequilibran, hacen que el ecosistema deje de funcionar.

Afortunadamente esta regulación o equilibrio no es especialmente delicado. No se trata de un castillo de naipes en el que si se elimina una carta todo se viene abajo. Si fuera así, hace tiempo que la vida habría desaparecido del planeta. Se trata más bien de una correlación de fuerzas, un sistema dinámico que no ha dejado de cambiar en los últimos 4000 millones de años.

La extinción es un proceso natural, pero no al ritmo actual

Hace poco más de 100 000 años, los neandertales, uno de nuestros parientes más próximos, dejaban sus huellas en las arenas intermareales[3] de lo que hoy es la playa de Matalasca-ñas, en Huelva. El registro de huellas que dejaron se asocia con un buen montón de animales con los que convivían y de los que dependían formando un complejo ecosistema sobre pequeñas dunas y lagunas de agua dulce o salobres, en el que se podían encontrar desde elefantes de colmillos rectos, a jabalíes de más de 250 kilos, lobos e, incluso, el antecesor de casi todos los bóvidos domesticados, el uro. No fueron estos los últimos neandertales de la Península porque sabemos que estuvieron por aquí, hasta hace al menos 28 000 años, como muestran los restos de una niña encontrada en Gibraltar (Finlayson *et al.*, 2007). Las evidencias apuntan a que convivieron una larga temporada con los primeros *Homo sapiens* que llegaron a Iberia. Aunque la posibilidad de imaginar cómo pudo ser esa interacción puede resultar fascinante, lo que queremos señalar es que tanto los neandertales como buena parte de aquella fauna desaparecieron. Y es que, por muy chocante que nos pueda resultar, el devenir natural de las especies es su desaparición.

Solo algo menos del 1% de la diversidad generada a lo largo de la historia de nuestro planeta permanece sobre él. Son muy raros los casos de especies que permanecen durante largos periodos de tiempo. Hay ejemplos como el del cangrejo de herradura, que lleva alrededor de 450 millones de años sobre el planeta, pero la mayor parte de la diversidad que nos acompaña es mucho más joven. *Homo sapiens* apenas lleva 300 000 años caminando por la Tierra.

La inmensa mayoría de las especies que han vivido en el planeta ya no están. Estas aparecen en un momento dado como consecuencia de procesos evolutivos, deambulan por el planeta durante cierto tiempo y terminan extinguiéndose. Es lo que ha ocurrido también con numerosas especies muy cercanas de homínidos como los neandertales o los denisovanos, con las que hubo intercambio genético hasta prácticamente su extinción (Green, 2010); una extinción que

---

3. Áreas de la costa que permanecen al descubierto cuando la marea es baja y que se cubren durante el periodo que corresponde a la subida de la misma.

sigue siendo un misterio para los paleoantropólogos de todo el mundo. Como consecuencia, la enorme diversidad que convive con nosotros es solo una mínima fracción de lo que ha paseado, volado o nadado por el planeta a lo largo de su historia.

De hecho, se han producido grandes extinciones relacionadas con eventos tanto intrínsecos del planeta como ajenos a él. Se habla de una extinción masiva cuando desaparece más del 50% de especies a lo largo de un periodo de tiempo de entre uno y tres millones y medio de años. Una desaparición que, hasta donde sabemos, se ha producido en al menos cinco ocasiones a lo largo de la historia de la Tierra.

LAS CINCO EXTINCIONES MASIVAS

Extinción durante el periodo Ordovícico: hace 485 millones de años (Ma), cuando solo había vida en el mar, y posiblemente debido a las fluctuaciones que una glaciación produjo en los océanos, en 1,5 Ma aproximadamente desaparecieron el 85% de las especies: braquiópodos, briozoos, trilobites, conodintes, graptolites, moluscos bivalvos, cefalópodos o los primeros peces vertebrados.

Extinción que marca la frontera entre el periodo Devónico y el Carbonífero: la vida ya había conquistado tierra firme y de nuevo se produjo una extinción masiva en los mares, posiblemente debida al enfriamiento de las aguas. Fue hace 359 Ma y en aproximadamente 3 Ma se produjo la desaparición de más del 80% de las especies.

Extinción del periodo Pérmico: fue la más devastadora y rápida, ya que en solo 1 Ma desaparecieron más del 90% de las especies. Se produjo hace 250 Ma por la combinación del impacto de un meteorito en la Antártida y el inicio de una intensa actividad volcánica en la Tierra que emitió enormes cantidades de sustancias incompatibles con la vida como el sulfuro de hidrógeno. Tras este periodo geológico comenzó la Era Mesozoica.

Extinción del Triásico: tras el periodo de la gran mortandad, hubo una nueva explosión de vida en la Tierra en la que comenzaron a aparecer los reptiles y los mamíferos. La nueva explosión de vida terminó hace 200 Ma cuando, a base de enormes movimientos tectónicos, Pangea comenzó a fragmentarse en los continentes que conocemos hoy.

Durante el Cretácico, hace 145 Ma, los grandes dinosaurios se convirtieron en la especie dominante en la Tierra. El final de su dominio terminó hace unos 65 Ma cuando un meteorito de 12 km de diámetro impactó en el actual golfo de México, provocando la desaparición del 75% de las especies. Esta devastación favoreció el desarrollo posterior de los mamíferos.

Especiación y extinción, las dos caras del juego evolutivo

Los escarabajos peloteros, los osos panda o los seres humanos son el reflejo de algo más de 4000 millones de años de evolución. Ese proceso por el que se generan nuevas especies es conocido como especiación.

Los seres vivos son el resultado del azar y de numerosos cambios ambientales que han ido maximizando la eficacia biológica mediante un proceso de transformación constante que llamamos *evolución*. La mayoría de las nuevas especies aparecen sobre la faz de la tierra gracias al aislamiento reproductivo. Existen barreras que pueden dividir a una población en dos grupos diferentes. Esas divisiones, que pueden ser geográficas, morfológicas e incluso conductuales, así como las condiciones ambientales en las que se desarrolla cada población, junto con el azar, hacen que la estructura genética de ambos se vaya separando a lo largo de periodos de tiempo muy largos en la mayoría de los casos. Si se desarrollan barreras reproductivas, aunque los grupos se volviesen a encontrar en el futuro como consecuencia de los avatares históricos, se comportarían como especies diferentes. Seres vivos que terminarán diferenciándose tanto como una rana y una salamandra, pero que comparten un ancestro común.

Para que no se reduzca el número de especies en el planeta, la tasa de extinción debe ser igual o inferior a la tasa de especiación. Ese reemplazo de especies que compensa las que desaparecen se apoya en un delicado equilibrio entre los seres vivos que coexisten en un determinado lugar. Eso no quiere decir que todas las especies tengan el mismo valor funcional en los ecosistemas, algunas tienen un impacto desproporcionado sobre las demás. En ocasiones, estas especies clave son auténticos ingenieros de ecosistemas y favorecen la biodiversidad y la coexistencia. Es el caso de las plantas y arbustos que fijan nitrógeno atmosférico y construyen islas de fertilidad bajo su dosel, ya que al retener, consolidar y enriquecer el suelo aumentan la constelación de organismos que pueden vivir a su alrededor. También es el caso de grandes mamíferos como los elefantes o las ballenas, que arrastran consigo todo un universo micro y macro de organismos que aprovechan los nutrientes excedentes y las condiciones ambientales favorables asociadas a estos grandes animales. Pero en otras ocasiones se trata de especies que desplazan o eliminan a las demás, como ocurre con las especies exóticas que se vuelven invasoras, o algunos patógenos y, por supuesto, con el ser humano.

ESPECIACIÓN

El aislamiento reproductivo es la clave para entender la especiación, es decir, el proceso por el que aparecen nuevas especies. Existen muchos tipos de barreras que pueden dividir a una población en dos o más grupos diferentes. Pueden ser geográficas, morfológicas o incluso conductuales. Este aislamiento, unido a las condiciones ambientales, hace que la estructura genética de ambos grupos camine de forma divergente. Con el tiempo, especies que comparten un antepasado común se convierten en entidades independientes, tan parecidas como un perro y un lobo o tan diferentes como una tortuga y una rana.

Otro proceso de especiación es el que se produce entre organismos que no guardan ninguna relación de parentesco. Esta transmisión genética horizontal está mediada por virus que al infectar una célula se insertan en el genoma de esta y permanecen ligados indefinidamente a ella. Estos intercambios dan lugar a intercambios genéticos radicales desconcertantes a la luz de la especiación clásica.

Porque sí, consciente o inconscientemente, el crecimiento de nuestras poblaciones ha dejado fuera de juego a miles de especies. Desde que fuimos capaces de organizarnos en pequeños grupos de caza hace unos veinte o treinta mil años, los humanos hemos sido clave en la desaparición de mamíferos gigantes que poblaban la Tierra entre el Paleolítico y el Neolítico al final del último periodo glaciar como los megaterios, los mamuts o los grandes osos de las cavernas.

Después de un proceso evolutivo que deviene en la especiación, las especies que no resultan competitivas bajo las nuevas condiciones ambientales terminan por desaparecer. Durante miles de años los antecesores de *Homo sapiens* convivieron no solo con neandertales, sino también con todas esas otras especies de animales y plantas que hoy solo podemos conocer por su presencia en el registro fósil. Con toda probabilidad, como cazadores-recolectores se veían obligados a migrar y moverse siguiendo las estaciones, o los hábitos de los animales que resultaban más importantes para su supervivencia. En aquel primer y largo momento, igual que ocurrió con el resto de los homínidos, la capacidad para modificar el entorno de nuestra especie era relativamente limitada. Es posible que, a partir de las interacciones que establecían a través de la caza o la dispersión de semillas, pudieran influir en la cascada de acontecimientos que preceden a la desaparición o proliferación de algunas especies. En cualquier caso, la baja densidad y el pequeño tamaño de las poblaciones humanas hacen pensar que su impacto real en aquellos procesos de extinción debió de ser mínimo.

¿Por qué debemos conservar la biodiversidad?

El estado de la naturaleza debe preocuparnos en primer lugar porque sin ella no tendríamos alimentos que comer ni agua que beber ni oxígeno que respirar. Pero más allá de lo evidente, al reducir el número de especies y de interacciones y procesos ecológicos presentes en los ecosistemas se pierden o ralentizan funciones clave, como la capacidad de reciclar nutrientes, que son imprescindibles para garantizar nuestra supervivencia y bienestar. Modificar la red de interacciones entre las distintas especies, perdiendo especies nativas o ganando especies exóticas, es modificar las funciones ecológicas.

Muchas de estas funciones no resultan evidentes hasta que dejan de realizarse. Ese es el caso de epidemias y pandemias. La COVID-19 nos ha recordado con crudeza una de las cosas que ocurren cuando esa red de interacciones se altera. Las enfermedades zoonóticas, es decir, aquellas que se originan en animales y saltan a la especie humana, comenzaron a ser importantes cuando extinguimos la megafauna y sobre todo cuando iniciamos la domesticación de numerosas especies a finales del Neolítico, al tiempo que comenzamos a destruir buena parte de los ecosistemas donde vivíamos. Estos procesos, sobre todo la domesticación, alteraron la frecuencia y el tipo de contactos que establecimos con los animales y, por tanto, con toda su constelación de microorganismos, patógenos y parásitos. La historia de domesticación en Europa y en América provocó la muerte de 56 millones de personas en el siglo XVI, la décima parte de la población humana total en aquellas fechas, cuando se pusieron en contacto los colonos europeos con los pueblos nativos de América. Los primeros portaban consigo un arsenal de virus y bacterias que su sistema inmune era capaz de mantener a raya, pero que resultó letal para las poblaciones americanas que no habían tenido contacto estrecho con cerdos, ovejas, vacas y caballos, que sí habían tenido durante milenios los europeos.

La actual tasa de degradación ambiental nos pone en contacto con nuevos patógenos y la extinción masiva de especies, paradójicamente, nos deja indefensos ante estos saltos entre especies. Ahora sabemos que las zoonosis[4] representan el 70% de las enfermedades emergentes. Son la principal preocupación sanitaria, un riesgo directo para nuestra salud.

---

4. Enfermedades propias de animales que saltan a la especie humana.

La mejor vacuna ante todas estas zoonosis reales o potenciales es una naturaleza funcional y con una buena red de vida, es decir, sana. Una biodiversidad rica y funcional reduce significativamente los riesgos de infecciones, ya que prevalecen los mecanismos de control sobre los riesgos. Las interacciones entre las distintas especies reducen la posibilidad de que aquellas portadoras de patógenos se disparen demográficamente dando más opciones a que esos patógenos entren en contacto con la especie humana.

La coexistencia de distintas especies dentro de un grupo funcional, por ejemplo aves o pequeños mamíferos, hace que los patógenos se compartan entre ellas con un resultado neto de dilución o disminución de la carga vírica o bacteriana en el ecosistema y, por tanto, con una reducción del riesgo de zoonosis. Ello se debe a que el patógeno no funciona igual de bien en todas estas especies, lo que reduce la prevalencia de la enfermedad en el conjunto de las que lo comparten. Este mecanismo de dilución se demostró hace más de 30 años con el virus del Nilo Occidental, un virus propio de las aves que cuando salta a la especie humana a través de los mosquitos puede provocar encefalitis mortales. La presencia de este virus en humanos disminuye a medida que aumenta la diversidad de aves en el entorno cercano. Y lo mismo se vio con el hantavirus o con la enfermedad de Lyme, una infección causada por bacterias y transmitida por garrapatas. En ambos casos la diversidad de roedores y pequeños mamíferos redujo significativamente el riesgo de la enfermedad para los seres humanos.

El nivel de biodiversidad más fino, el de la diversidad genética dentro de una especie, también nos protege. Esto lo podemos entender con solo analizar las grandes diferencias entre quienes sufren los síntomas de la COVID-19: mientras mucha gente es asintomática, otras personas enferman gravemente y algunas fallecen. Parte de esta variedad de síntomas es debida a diferencias en la edad o el estado de salud general de cada uno, pero otra parte sustancial de estas respuestas ante el virus es debida a la diversidad genética dentro de nuestra especie. Esa variabilidad genética determina la capacidad de responder de forma adaptativa a la heterogeneidad ambiental, de manera que su pérdida puede provocar la extinción al disminuir la capacidad de respuesta ante las fluctuaciones ambientales.

La biodiversidad influye tanto en nuestra salud y de tantas formas que nunca terminaríamos de poner ejemplos. Varios estudios demuestran que las personas que visitan los parques y jardines de las ciudades que habitan disfrutan de la diversidad de plantas y animales de estas zonas verdes. Aunque no tengan conocimientos para distinguir ruiseñores de petirrojos o álamos de robles, perciben las zonas con mayor riqueza biológica y como resultado disminuyen sus niveles de estrés y mejora su salud mental y física. Muchos estudios en ecosistemas de todo el planeta ilustran que cuanto más ricos en especies son, mayor es el número de bienes y servicios que nos aportan, mayor resulta su capacidad para realizar simultáneamente varias funciones y mejorar la salud de las personas que los habitan o los visitan. Incluso algunos estudios económicos demuestran que los beneficios resultantes del bienestar emocional de quienes visitan espacios protegidos de todo el mundo (parques nacionales, reservas biológicas y todo tipo de santuarios naturales) son entre cien y mil veces superiores al coste de mantenimiento de estos espacios. Y este dato no es una manera de hablar o una expresión ilustrativa, sino el valor calculado en un ejercicio numérico de modelización para todas las zonas protegidas del mundo (Buckley *et al.*, 2019).

CAPÍTULO 2

One Health, la salud no es solo una cuestión médica

¿Qué necesitamos para estar sanos?

Nuestra visión de lo que es la salud pública es bastante reduccionista porque no es solo una cuestión de hospitales, médicos y antibióticos, sino que es algo que depende, y mucho, del medioambiente que nos rodea. Una forma clara y directa, pero también brutal, de ver que la salud es una cuestión relacionada con nuestro entorno es constatar, por ejemplo, que el origen de la mayoría de los cánceres infantiles está conectado con las condiciones ambientales. Gran parte de la mortalidad humana se debe a lo que se conoce como muertes evitables, es decir, muertes que se han anticipado a la fecha estadísticamente más probable de fallecimiento y lo han hecho por factores ambientales. Un análisis rápido de estas estadísticas no deja lugar a dudas: muchas se deben directa o indirectamente al cambio climático (causante de medio millón anual de muertes directas y de decenas de millones de muertes indirectas) o a la contaminación atmosférica (más de nueve millones de muertes anuales); datos que nos permiten captar la influencia que tiene el medioambiente en nuestra salud (figura 2). También podemos percibir esta relación de forma más amigable cuantificando los efectos positivos que tienen los espacios naturales bien conservados en la salud física y mental de las personas que los tienen a su alcance o que viven cerca de zonas verdes en las ciudades (Barboza *et al.*, 2021).

FIGURA **2**

Muchas muertes están relacionadas con la calidad del medioambiente. Aquí se muestra un promedio para el año 2018 de aquellas que pudieron relacionarse con el medioambiente. Como referencia, en dos años, la COVID-19, una zoonosis de origen ambiental, causó 6 millones de muertes.

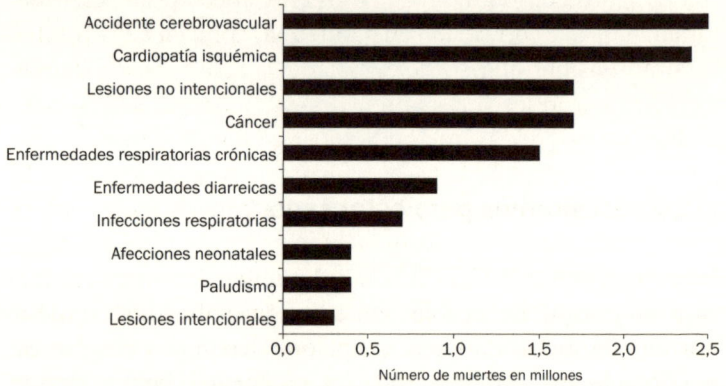

FUENTE: ORGANIZACIÓN MUNDIAL DE LA SALUD.

Sabemos con exactitud qué debe reunir el medioambiente para que estemos bien. No se trata solamente de que haya menos contaminación, eso lo tenemos claro aunque no hagamos demasiado por reducirla; se trata también de tener algunas especies más en los ecosistemas, sobre todo en los más influidos por las actividades humanas, y que las interacciones entre ellas y los ciclos de la materia y la energía se desarrollen sin bloqueos; que se regenere el suelo; que se almacene agua limpia en el subsuelo; que la transpiración del bosque atenúe los extremos climáticos; que los polinizadores polinicen y los dispersantes de semillas las dispersen. En fin, toda una serie de funciones que cuando uno las piensa tienen una lógica aplastante, pero que parece que se nos olvidan. Un primer paso para empezar a solucionar los impactos de la crisis ambiental es reconocer nuestro error al pensar que con la tecnología seríamos capaces de suplir todos estos servicios de la naturaleza, además de admitir lo mucho que necesitamos estar rodeados de ecosistemas diversos, bien estructurados y funcionales.

One Health, una única salud planetaria

Preocupados como estamos por las enfermedades infecciosas humanas que se convierten en pandemias como la COVID-19, es comprensible que se deje de lado la salud de los demás organismos con los que compartimos el planeta. Sin embargo, hacerlo es olvidar que en la biosfera hay una única salud global, un olvido que hará que sigamos enfermando si no la protegemos globalmente. El 70% de las enfermedades emergentes que afectan al ser humano son zoonosis, esas enfermedades que, como la COVID-19, se originan en animales salvajes o domésticos y acaban saltando a la especie humana. La destrucción de hábitats y la extinción de especies nos ponen en contacto más directo con esos patógenos, haciendo por tanto mucho más probable su salto al ser humano.

Sabemos que la fragmentación y la degradación de hábitats fomentan las enfermedades infecciosas en animales salvajes de todo el mundo. Como ilustra el grupo de salud de la fauna (WHSG, por sus siglas en inglés), de la Unión Internacional para la Conservación de la Naturaleza (UICN), en las poblaciones de animales salvajes se acentúan las enfermedades infecciosas por la destrucción y degradación de sus hábitats. La destrucción que provocamos los seres humanos tiene consecuencias que van desde impactos en la polinización (figura 3), en el control de plagas, en las cadenas alimentarias, en la productividad del suelo o en los medios de subsistencia de millones de personas, hasta la salud humana por el incremento de las zoonosis. La vacuna de la biodiversidad, ese análogo de una vacuna real que es la naturaleza bien conservada, esa que protege a los humanos de las infecciones que pueden acabar en pandemias, también opera con la fauna silvestre, que se enfrenta además a un fuerte declive. Los ecosistemas funcionales y bien conservados reducen los riesgos de pandemias humanas porque limitan las probabilidades de que los patógenos salten a nuevos huéspedes y amenacen a otras especies. Sabemos que la presencia de lobos, por ejemplo, disminuye la prevalencia de la tuberculosis animal en jabalíes y la cabaña ganadera, como se vio en un estudio en Asturias (Tanner *et al.*, 2019). En ese caso, la vacuna que mantiene el territorio sano es el propio lobo.

Por lo tanto, la salud humana no puede aislarse en un ejercicio de antropocentrismo del resto de saludes que afectan a los demás organismos con los que compartimos la biosfera, esa fina capa de vida que recubre la Tierra. La salud de la fauna silvestre es la base de la salud de todas las poblaciones de especies animales, sean humanas, domésticas o salvajes. Este es, precisamente, el concepto que fundamenta el programa One Health (una única salud), que desde hace años se lleva desarrollando bajo el auspicio de Naciones Unidas y que, a raíz de la COVID-19, cobró una importancia y una visibilidad sin precedentes. La noción de que la salud humana depende de la salud de animales, plantas y ecosistemas es también la base del proyecto salud planetaria (Planetary Health)[5] que la comisión de la revista médica *The Lancet* y la Fundación Rockefeller llevan años impulsando en paralelo.

Aunque muchas enfermedades infecciosas proceden de animales salvajes, la culpa de una pandemia nunca es del animal portador del patógeno o del propio patógeno, sino del ser humano, al establecer un mayor contacto con estos patógenos al degradar la naturaleza y facilitar las condiciones para un nuevo contagio. La mejor defensa ante las pandemias es por tanto aliarse con la naturaleza y aprovechar los mecanismos de regulación que operan desde hace miles de años, que son en esencia dos: la regulación demográfica resultante de un ecosistema rico en especies e interacciones y la eficacia del sistema inmune de una fauna silvestre sana y con bajos

---

5. Más información en https://bit.ly/3MmugRp.

niveles de estrés. No entender esto es exponernos a nuevas y más frecuentes pandemias.

Si bien las instituciones dedicadas a la conservación tienen el imperativo de mejorar la salud y la supervivencia de las especies amenazadas, es toda la sociedad la que debe ocuparse de la conservación de la diversidad biológica para asegurar el funcionamiento de los ecosistemas y de nuestra propia salud. Dado que desde 2020 se están destinando muchos fondos y esfuerzos a paliar los efectos de las enfermedades zoonóticas emergentes en humanos, es probable que esos fondos se retiren de la protección ambiental, dando al traste con décadas de inversiones y progresos en la conservación de los ecosistemas. Resulta paradójico porque debería generar justo todo lo contrario.

Inmunidad de grupo frente a 'inmunidad de paisaje'

Una de las cosas que aprendimos durante la COVID-19 ha sido el concepto de *inmunidad de rebaño* o *inmunidad de grupo*. Sabemos que esta inmunidad consiste en reducir las probabilidades de que una persona que no ha estado expuesta a la enfermedad la contraiga al estar rodeada de congéneres inmunizados. Pero más importante, más eficaz, más preventivo, más extensivo que la inmunidad de grupo, que nos cuesta fallecimientos, inversión en vacunas y restricciones a la movilidad, es lo que se conoce como *inmunidad de paisaje*. El concepto alude a la idea de que las estructuras y dinámicas de los ecosistemas sanos y funcionales reducen los riesgos de que los patógenos salten entre diferentes especies, reduciendo los riesgos de que una infección de origen animal alcance a terceras especies o al ser humano.

En cualquier ecosistema, sea tropical o templado, prístino o profundamente humanizado, existe una estructura y una dinámica entre animales y plantas que confieren una serie de propiedades entre las que se encuentra la protección ante las enfermedades de otras especies. Los virus y las bacterias se multiplican constantemente aprovechando las ventajas que les ofrece una especie determinada que actúa de hospedador. De hecho, los patógenos evolucionan junto a esos hospedadores en una carrera evolutiva en la que unos buscan estrategias para no enfermar y otros buscan maneras de continuar multiplicándose a través del contagio. Cuando la variabilidad genética de una especie es muy reducida, como ocurre por ejemplo en los sistemas de producción intensiva de cerdos o de aves, los virus lo tienen fácil para extenderse, ya que los individuos son genéticamente muy similares entre sí y además viven en espacios cerrados que facilitan su propagación. La heterogeneidad del paisaje es muy pequeña y la inmunidad general que se obtiene a ese nivel es mínima en estas instalaciones. Una cierta estructura y una dinámica funcional de los ecosistemas es lo que da lugar a paisajes en los cuales podemos transitar con más seguridad, donde tendremos menos riesgo de contraer una nueva enfermedad para la que nuestro sistema inmune todavía no tiene herramientas ni nuestro sistema sanitario conocimiento. Esa inmunidad de paisaje tan valiosa y preventiva es una de las primeras propiedades que se pierden con la destrucción de hábitats naturales y la degradación ambiental.

La rápida propagación mundial de la COVID-19 nos mostró la vulnerabilidad de la humanidad a las pandemias provocadas por enfermedades zoonóticas. El cambio del uso del suelo —convertir las playas en áreas urbanizadas, deforestar la selva para aumentar la superficie cultivada o crear barreras en áreas naturales con grandes infraestructuras como presas o carreteras— es el principal impulsor de la propagación de patógenos zoonóticos a las poblaciones humanas. Por otro lado, si los remanentes de hábitats bien conservados son cada vez más pequeños, las poblaciones humanas cada vez más grandes y la presión sobre esos fragmentos de hábitats para explotar recursos cada vez más intensa, la probabilidad de que un patógeno salte a un humano por contacto se dispara.

Ante el avance de la artificialización de los ecosistemas es imprescindible analizar los mecanismos que provocan la cascada de infección y propagación de los patógenos entre diferentes especies. Ello permitirá maximizar la inmunidad de paisaje como una prioridad tanto de conservación de diversidad biológica como de seguridad sanitaria desde la escala local a la global (Plowright *et al.*, 2021).

Dado que la salud de los ecosistemas afecta directamente a la salud humana, la restauración ecológica es, en realidad, un servicio de salud pública. Necesitamos médicos al uso, los de la medicina tradicional, pero también, y cada vez más, médicos de ecosistemas. Diversas contramedidas reducen el riesgo de exposición humana a los patógenos transmitidos por la fauna salvaje: la eliminación de especies exóticas invasoras y la restauración de vegetación autóctona son ejemplos de estas contramedidas que mejoran la salud humana. La colaboración interdisciplinar, los estudios sobre la propagación inducida por el uso de la tierra, la integración de los objetivos ecológicos y sanitarios en las estrategias políticas y el aumento de la vigilancia de los patógenos zoonóticos se vuelven esenciales para que la implementación de estas contramedidas mejore nuestra salud. La restauración ecológica es, por tanto y para sorpresa de muchos, esencial en el marco de la salud pública, ya que es un elemento ineludible para mantener y mejorar la salud planetaria. La gestión para la conservación es, por otro lado, la gimnasia que mantendrá nuestros ecosistemas sanos y con ello la salud de todos los que vivamos en su entorno.

Conexiones entre los procesos ecológicos y la salud humana

Ya al principio de la COVID-19 se supo que una atmósfera con algo más de contaminación facilitaba extraordinariamente que una persona muriera si contraía la enfermedad. De hecho, un estudio estadounidense reveló que haber estado respirando meses antes de estar expuesto al virus una atmósfera con tan solo un microgramo por metro cúbico más de partículas contaminantes PM2,5 (partículas muy pequeñas, de menos de 2,5 micras de diámetro) hacía que aumentaran un 15% las posibilidades de morir en caso de contraer la enfermedad. Un grandísimo impacto y una interacción muy potente entre la contaminación y la exposición a la COVID-19. Más ejemplos de muertes evitables, muertes que no tendrían lugar si el medioambiente se encontrara en mejor estado, si el aire estuviera limpio y los ecosistemas no se degradaran.

Durante la pandemia vimos que estas mismas partículas PM2,5 estaban muy relacionadas con un parámetro epidemiológico que determina la probabilidad de que el coronavirus se expandiese. Se trata de un parámetro llamado R, que indica el número esperado de personas que cada persona con una carga viral elevada puede infectar. Este parámetro R se asocia precisamente con la cantidad de estas partículas en la atmósfera, de forma que una atmósfera que tenga más contaminación en general hace que el coronavirus, por mecanismos que aún no entendemos bien, se expanda más y lo haga más rápidamente. La contaminación del aire colaboró en la rápida propagación de la COVID-19 en Estados Unidos. Este estudio demostró que un aumento de un microgramo por metro cúbico en los niveles de PM2,5 se asoció con un aumento de 0,25 en R (Chakrabarty *et al.*, 2021). Un aumento del 10% en el sulfato-nitrato-amonio de las PM2,5 estaba relacionado también con un aumento de aproximadamente un 10% en este coeficiente de trasmisión, R, un patrón que surgió con mucha claridad en dicha investigación.

La salud planetaria

Todo lo ilustrado para el caso de las pandemias se aplica igualmente al cambio climático y sus tremendos impactos en los ecosistemas, y a todos los efectos de las distintas formas de contaminación (por nitrógeno, por plásticos, etc.). Recuperar ecosistemas funcionales es imprescindible para evitar muertes y mejorar la salud física y mental de cada uno de nosotros. El concepto de "salud planetaria" podía sonar abstracto e incluso esotérico cuando se planteó en 2015, pero la realidad pandémica ha demostrado que recuperar ecosistemas funcionales es imprescindible para evitar muertes y mejorar la salud física y mental de cada uno de nosotros. Por eso, debemos valorar en su justa medida otros conceptos que también pueden sonarnos ajenos, como el de los "límites planetarios", esas condiciones físicas del planeta que, si se transgreden, ponen en peligro nuestra propia supervivencia.

En realidad, todo lo que lleva dimensiones o escalas de planeta nos suena un poco a ciencia ficción, pero la ecología y la medicina han ido probando una y otra vez las fuertes y notables conexiones entre regiones distantes del planeta y entre procesos aparentemente no relacionados entre sí como la fertilidad de los suelos, el polvo del desierto que recorre grandes distancias transportando fertilizantes y semillas, las lluvias, la agricultura, las alergias y las enfermedades respiratorias y cardiovasculares. La idea de salud planetaria llevaba circulando muchos años antes de la COVID-19, pero lo hacía en ámbitos especializados. Ahora, con la pandemia, y en cierto modo con el cambio climático también, el concepto ha saltado al conocimiento general de la sociedad. Parece que, por fin, la noción de que estamos mucho más conectados con todos los demás organismos del planeta de lo que pensamos habitualmente ha venido para quedarse. Al menos eso esperamos.

CAPÍTULO 3

La crisis medioambiental: pérdida de especies y ecosistemas

La crisis de biodiversidad es la causa y no solo la consecuencia

El cambio climático a menudo eclipsa a su crisis hermana, la de la pérdida de biodiversidad. Nos olvidamos de que para atenuar el cambio climático, o la degradación ambiental en general, necesitamos altos niveles de biodiversidad. Es esta la que permite que las condiciones ambientales no se vuelvan nocivas para nosotros; es un colchón protector. A menudo percibimos su pérdida como una mera consecuencia y no como una causa de los problemas que nos aquejan. Gran error. La diversidad animal, vegetal y microbiana sustenta numerosos procesos y funciones en la naturaleza, resultando esencial en la lucha contra el cambio climático, la contaminación, la degradación y las pandemias. Las amenazas crecientes a nuestra salud y bienestar general son una consecuencia directa o indirecta de la crisis que supone la pérdida de biodiversidad. Debemos ver esta pérdida como una causa directa de nuestras enfermedades y no solo como una consecuencia más de nuestra interferencia con los procesos naturales. Ha de reconocerse este carácter dual de causa y efecto para entender su relevancia en el mantenimiento de nuestro bienestar.

La sexta gran extinción
que nos hace más vulnerables

Desde el momento en que el ser humano comenzó a organizarse en grupos sociales de un cierto tamaño, se disparó lo que se conoce como la sexta gran extinción, la primera causada por una única especie. Aunque alguien podría señalar que entre las especies amenazadas no está el propio ser humano, ya que los estimadores demográficos de *Homo sapiens* revelan que seguimos creciendo, nuestra capacidad de alterar la biosfera se está volviendo tóxica para nosotros mismos. Buena parte de los problemas son consecuencia de dejar fuera de juego a todas esas especies, ya que, como hemos visto, nuestra salud y nuestra subsistencia dependen de que existan y haya redes funcionales de interacciones entre ellas. No sabemos bien el papel que juegan en la naturaleza la mayoría de las especies que se extinguen. Muchas no llegan siquiera a tener nombre científico porque desaparecen antes de que sepamos de su existencia, pero sabemos lo suficiente para afirmar que con ellas se pierden o se debilitan muchas funciones ecológicas de las que dependemos directa o indirectamente. Sabemos también que la extinción de una especie arrastra a otras muchas en lo que se conoce como cascadas de extinción o extinciones en cadena. Eso es así porque las especies no están solas, sino que están en el seno de una compleja red de interacciones con decenas, centenas y a veces millares de otras especies con las que establecen todo tipo de relaciones: competencia, simbiosis, parasitismo, predación, facilitación, dispersión y un largo etcétera. Toda esta red de la vida debe reorganizarse al perderse una especie y, con frecuencia, en esa reorganización se pierden muchas especies que dependían, de una forma u otra, de las que desaparecen en primer lugar.

En la actual sexta extinción desaparecen especies a un ritmo mucho más elevado de la tasa basal natural[6]. Simplificando

---

6. Número de especies que pueden extinguirse sin que suponga un problema para los ecosistemas porque se ven reemplazadas por la aparición de otras nuevas.

mucho, la desaparición de una especie en una comunidad de diez no provoca que el sistema sea un 10% menos funcional, sino mucho menos porque con ella desaparecen también las propiedades que emergen de sus interacciones con otros seres vivos. Las consecuencias de perder estas propiedades emergentes o de nivel superior van más allá de la simple suma de especies. Las funciones implicadas y afectadas por estas consecuencias mediadas por interacciones son muy difíciles de estimar con exactitud.

EL DECLIVE DE LOS INSECTOS

Nuestra relación con los insectos es bipolar: por un lado, los necesitamos porque polinizan, regulan los ciclos de la materia y son una fuente de alimento para otras especies, pero, por otro, los eliminamos directa e indirectamente. El avance de la agricultura intensiva cargada de pesticidas, la eliminación de setos y lindes, la conversión de praderas en cultivos y la deforestación tropical para abrir nuevos espacios a la agricultura, sumados a los impactos del cambio climático, están disminuyendo la diversidad de insectos a un ritmo alarmante. Dado que son la base de la cadena trófica en muchos ecosistemas, su desaparición se refleja en la ausencia de otras especies y en una gran pérdida de funcionalidad ecológica.

La defaunación de animales clave en la red de interacciones es un caso bien documentado en ecosistemas templados y tropicales. Como ya habían demostrado los físicos teóricos de redes, la pérdida de un nodo central podía implicar el colapso de toda la red y la simplificación extrema de todo el sistema y de las funciones que desempeña. Las evidencias más recientes confirman que las predicciones eran ciertas y revelan que la pérdida de especies no se corresponde con lo que cabría esperar solo por la reducción numérica y la pérdida de hábitat. Hay algo más. La biodiversidad decae por la alteración de procesos ecológicos en hábitats degradados y no solo porque haya menos extensión de dicho hábitat. Esto refuerza la noción de que los procesos ecológicos mantienen y son mantenidos por la biodiversidad, por el conjunto de seres vivos que los forman. Cuando se interrumpen o degradan, se inicia la extinción en cascada y la pérdida de las funciones ecosistémicas.

Esta cascada de extinciones y funciones ecológicas es en sí misma escalofriante porque nos habla no solo de nuestra capacidad destructiva, sino de nuestra relación nociva con los vecinos de la biosfera. Probablemente, limitados por nuestra visión antropocéntrica profundamente enraizada en nuestro marco cultural, no hemos sido capaces de darnos cuenta de que estos vecinos que nos acompañaban eran imprescindibles para nuestra propia supervivencia.

Ya hemos comentado que lo normal es que las especies terminen extinguiéndose; también que han existido grandes extinciones a lo largo de la historia del planeta. La diferencia con esta sexta extinción es que las anteriores se produjeron a lo largo de millones de años. La que estamos provocando en la actualidad tiene un ritmo vertiginoso ya que en apenas mil años nuestro concepto de progreso ha provocado infinitas extinciones en cadena.

Es cierto que tras cada extinción masiva se han producido enormes explosiones de vida en el planeta que han dado lugar a miles de especies en sustitución de las anteriores. Es más que probable que con esta ocurra lo mismo, pero ¿será nuestra especie una de las que sobreviva? Parece complicado que así sea porque, pese a todo el conocimiento y la tecnología que somos capaces de desarrollar, seguimos dependiendo de los demás seres vivos para subsistir.

La rápida simplificación de los ecosistemas

En el último siglo, la actividad del ser humano ha acelerado de manera dramática la pérdida de biodiversidad y sus impactos directos e indirectos en los ecosistemas (figura 3). Hoy en el planeta, el 98% de la biomasa de mamíferos está compuesta por el ser humano y sus animales domésticos. Es interesante destacar que hace unos pocos siglos, nosotros y nuestros animales representábamos tan solo el 2%. Las Naciones Unidas resumen el estado de la biodiversidad con un dato demoledor: más de un millón de especies están en riesgo de extinción, una cifra que es más de cien veces superior a la tasa natural de extinción.

La organización de un ecosistema, su estructura y su dinámica se puede simplificar como consecuencia de procesos naturales ligados a perturbaciones, a variaciones estacionales o a degradación antrópica, y seguir manteniendo parte de sus funciones. Lo normal cuando una especie se extingue, es que otros seres vivos ocupen el espacio (o nicho) que queda libre. Es decir, que otros organismos tomen el relevo. Así, cuando se producen cambios como la desecación de una laguna, la construcción de una carretera o la sustitución de un área de bosque por un cultivo, hay especies que salen beneficiadas porque desaparece un competidor directo, por ejemplo, y otras que salen perjudicadas porque se quedan sin recursos. De hecho, estas especies, que son las piezas que forman los diferentes ecosistemas, seguirán aprovechando la energía disponible, readaptándose a las nuevas circunstancias, pero ¿qué pasa si desaparecen demasiados animales o plantas? ¿Cuánto se puede simplificar la maquinaria ecológica y en cuánto tiempo puede hacerse? ¿Qué especies seguirán saliendo de la ecuación? ¿Cuáles son los nodos más importantes de la red de la vida?

AZÚCAR O MIEL

La miel es un producto que elaboran las abejas, cuya composición es extraordinariamente compleja. Ninguna investigación ha logrado crear nada que se acerque a este alimento, que no tiene fecha de caducidad. Para su elaboración las abejas extraen el néctar de miles de flores diferentes y logran una mezcla sin igual. Si un panal está situado en un enorme campo de una única especie vegetal, las abejas harán miel, sí, pero el producto resultante será mucho más pobre y sin los matices de sabor y aroma de las procedentes de ecosistemas diversos. Lo mismo ocurre con un hábitat en el que solo conviven dos especies, el sistema puede llegar a funcionar, pero sus características serán más simples y pobres, algunas funciones estarán incompletas y será infinitamente más vulnerable a cualquier eventualidad y perturbación —una helada, lluvias torrenciales o la aparición de un parásito o una bacteria— que si se tratara de un ecosistema complejo y lleno de especies animales y vegetales que se complementan.

FIGURA 3

Los polinizadores están en declive a nivel mundial por una combinación de factores: abuso de pesticidas, degradación de hábitats y cambio climático. Aunque el calentamiento global favorece algunas poblaciones de polinizadores de zonas templadas y frías, el cambio climático reduce tanto la abundancia como la diversidad de polinizadores y su papel ha sido subestimado.

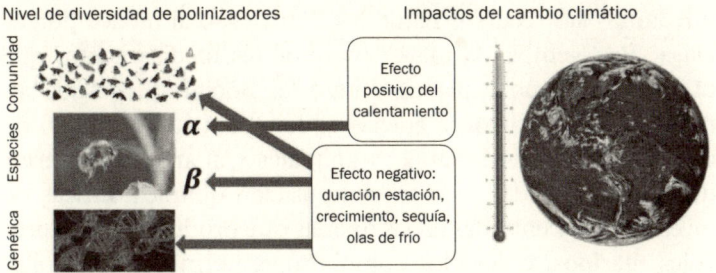

FUENTE: ADAPTADO DE VASILIEV Y GREENWOOD (2021), *JOURNAL OF THE TOTAL ENVIRONMENT*, 775.

Como ocurre con el cuerpo humano, una persona puede seguir viva aunque no tenga una pierna o le falte un riñón, pero ¿podríamos vivir sin pulmones aunque tuviéramos unas piernas atléticas? No. ¿Qué sentido tiene mantener un cuerpo con vida si no tiene un cerebro que lo acompañe? Igual que en los organismos individuales, en un ecosistema deben convivir unas especies concretas y verificarse unas funciones mínimas para que todo funcione razonablemente bien. Así, podrá perdurar en el tiempo y hacer frente a los cambios y a las perturbaciones ineludibles.

Perdiendo oportunidades

Cada vez que se destruye un fragmento de un hábitat natural, ya sea un bosque templado, una sabana, un desierto, un área costera o una selva tropical, mueren muchos de los seres vivos que lo ocupaban. Más allá de los individuos concretos, podemos perder especies completas y únicas, simplemente porque buena parte de la diversidad está formada por especies con áreas de distribución muy pequeñas, algunas de apenas unos pocos kilómetros cuadrados. Cuando perdemos una especie, se pierde una información genética que nunca llegaremos a conocer. Cada ser vivo es el resultado de miles de años de evolución, el reflejo de la genialidad de la naturaleza, pero, más allá de los aspectos morales y sentimentales que deberían llevarnos a respetar la vida de otras especies, si nos ponemos egoístas y pensamos únicamente en nuestro interés, es evidente que nos quedamos sin recursos naturales, actuales, o al menos potenciales. Por ejemplo, la mayor parte de los medicamentos que utilizamos derivan de plantas y animales. Son productos que hemos logrado desarrollar gracias al conocimiento científico de distintas especies de plantas y animales y al análisis posterior de sus propiedades y de su composición química. Líneas de investigación centradas en las toxinas que producen unos caracoles marinos, conocidos como conos, permiten desarrollar toda una serie de analgésicos más fuertes que la morfina. Lo que para los caracoles son potentes venenos que paralizan a sus presas o a sus depredadores, a los humanos nos sirve para calmar el dolor en determinadas condiciones.

Pese a todo lo que queda por descubrir de la biodiversidad, que podría ser clave para nuestro bienestar, no parece que el conjunto de la humanidad esté dispuesta a tomar las medidas que la urgencia de la pérdida de especies requiere. Por ejemplo, en 2020 se publicó un estudio (Stropp *et al.*, 2020) que alertaba de que ya se ha deforestado el 12% de la Amazonia brasileña, alrededor de 300 000 km², un área mayor que Andalucía, Castilla-La Mancha, Castilla y León y la Comunidad de Madrid juntas. Esta deforestación se produce para obtener madera y, sobre todo, para extender la frontera agrícola a una velocidad dramática, y sin que la diversidad biológica de esas zonas que se pierden se haya documentado mínimamente. Lo mismo ocurre con entornos marinos donde se destruyen secciones completas de costa por un urbanismo desaforado, se sepultan restos radiactivos, se destruyen millones de hectáreas (Mha) de fondos marinos con la pesca de arrastre o se tiran miles de toneladas de plásticos y otros contaminantes que los vuelven inhabitables.

Hoy en día, se estima que la mitad de la superficie terrestre está profundamente alterada. En la mitad mejor conservada hay mucho terreno ocupado por desiertos fríos y cálidos, así que el balance para la biodiversidad planetaria no es muy favorable. Si nos detenemos en los ecosistemas que conservan una buena integridad ecológica, es decir, en aquellos que contienen altos niveles de biodiversidad y en los que los procesos y funciones ecológicas se mantienen de forma saludable, se calcula que solo suponen alrededor del 5% de las tierras emergidas y las cifras de los ecosistemas marinos no son mucho más esperanzadoras.

Esta destrucción es como dedicarse a quemar libros sin haber llegado a abrirlos. Desde una perspectiva estrictamente utilitaria es imposible saber qué podríamos descubrir y qué estamos perdiendo, pero en las profundidades marinas, en las selvas o en las praderas alpinas podríamos descubrir nuevos medicamentos o alimentos. Si pensamos en la cantidad de especies que nos inspiran tanto espiritual o artísticamente como en lo tecnológico, al sentar las bases para la creación de radares o helicópteros, pasando por robots o tejidos inteligentes, podremos hacernos una idea de lo que estamos eliminando antes siquiera de conocerlo.

Bancos y producción de semillas

Hay una iniciativa que es en sí misma una muestra de que somos conscientes de que algo estamos haciendo mal: los bancos de semillas. Es tan evidente nuestra capacidad para destruir que nos hemos tenido que centrar en preservar lo más inmediato, lo que comemos. En el marco agronómico hace ya mucho tiempo que se sabe que la diversidad de aquello que cultivamos debe ser conservada simplemente porque la mejora vegetal para responder a cambios ambientales necesita de esta información genética diversa. De forma generalizada, la mayor parte de los organismos públicos de agricultura de los países más avanzados desarrollaron instalaciones para conservar este valioso germosplasma.

Hoy en día, esta necesidad de conservar la diversidad ligada a la domesticación vegetal se ha extendido a la conservación en paralelo de toda la diversidad de plantas silvestres con iniciativas globales como el Millennium Seed Bank-Kew Gardens[7] de Londres y, sobre todo, el Banco Mundial de Semillas de Svalbard[8], en Noruega. Este último está formado por tres naves subterráneas construidas bajo el permafrost para soportar desastres naturales como los terremotos o acciones humanas como los bombardeos. Los almacenes sirven para albergar semillas de miles de especies y variedades de plantas agrícolas y silvestres. Más de mil metros cuadrados que salvaguardan las simientes de los cultivos que alimentan a la humanidad por si acaso algún desastre natural, o nuestras propias acciones, termina definitivamente con ellas. Pero hay dos problemas que conviene tener en cuenta. Por una parte, el aumento de la temperatura global está provocando que, incluso en latitudes tan elevadas como la de las islas Svalbard, el efecto conservador del frío se pueda perder y con ello esas semillas que guardamos por si acaso. Por otro, no queda muy claro dónde se podrán plantar esas semillas si seguimos degradando los suelos de todo el planeta.

En esto de las semillas hay muchas cuestiones intrigantes, especialmente en lo que se refiere al desarrollo de semillas

---

7. Puede consultarse en https://bit.ly/3KZ7cYz.
8. Más información en https://bit.ly/3JYLUZU.

genéticamente modificadas. La ciencia avanza y es grato comprobar que se aplica al desarrollo de cultivos que necesitan menos agua para subsistir, que resisten mejor determinadas plagas o que producen alimentos más nutritivos. Hasta ahí parece que la línea de trabajo es positiva, pero ¿por qué una de las primeras medidas que se toman con estas semillas inteligentes es la de hacerlas estériles? La humanidad lleva milenios seleccionando semillas y escogiendo las que más producían, las más resistentes o las más fáciles de cuidar para los cultivos del año siguiente. Es una forma de forzar una selección natural a la carta, pero, permitidnos un símil informático: esas semillas estaban hechas en código abierto. Cualquiera podía plantarlas, hacerlas crecer, recoger los frutos y guardar algunos que se convertirían en la simiente para cultivar en la siguiente temporada. Sin embargo, gran parte de los cultivos actuales parten de semillas que generan una decena de grandes empresas. Semillas de un solo uso que terminan dejando la alimentación del mundo en manos de unos pocos y que, además de desarrollar plantas estériles, reducen a la mínima expresión la gran variedad de especies y razas hortícolas, simplificando, una vez más, la biodiversidad.

Invasiones biológicas: viajes, comida y mascotas

Hace algo más de 500 años, el equivalente a un parpadeo en términos evolutivos, las carabelas comandadas por Cristóbal Colón se toparon por accidente con las costas de la isla que hoy conocemos como Santo Domingo. Tras ese primer contacto comenzó una nueva invasión humana del continente americano. Aquel encuentro, además de demostrar la teoría de Colón (entre otras muchas) de que la Tierra era redonda, supuso una auténtica revolución a nivel mundial. Más allá de las valoraciones históricas y de los enormes cambios culturales que aquel encuentro supuso, uno de los problemas más graves a los que tuvieron que hacer frente los indígenas fue el de las enfermedades infecciosas que, al ser nuevas para ellos, provocaron más decesos que las guerras que se libraron directamente con los europeos.

Además de intercambiar patógenos y genética, sobre todo en el caso del centro y el sur de América, donde las poblaciones se mezclaron mucho más que en el norte, aquel viaje para encontrar una nueva ruta que llevara a los navíos españoles a la India generó muchísimas interacciones. El desembarco, que terminó convirtiéndose en el descubrimiento y conquista por parte de los europeos de un nuevo continente, supuso también un enorme intercambio de especies animales y vegetales, una suerte de globalización que, comparada con el ritmo y cuantía de la que vivimos hoy en día, provoca hasta ternura.

La irrupción de los europeos en el nuevo mundo es un ejemplo de lo que supone el intercambio de especies. Los europeos llevaron cebollas, perros, ovejas, vacas, caballos e introdujeron en su dieta alimentos como el maíz, el tomate, los pimientos o las patatas. Hasta aquí todo bien, podría haberse quedado en un gran mestizaje de conocimiento y gastronomía. Sin embargo, con las carabelas de Colón también llegaron ratas y enfermedades. Aquel intercambio a pequeña escala funcionó bien sobre todo para los más fuertes, que acabaron imponiendo su cultura y su manera de hacer. En el contexto de los ecosistemas naturales, que es lo que nos atañe aquí, provocó que algunas especies se expandieran sin dificultad y otras, además de ver reducido su espacio, tuvieran que enfrentarse a nuevos virus y amenazas desconocidas hasta entonces y llegar incluso a desaparecer.

No era la primera vez que la llegada de navíos a nuevas tierras llevaba consigo algo más que gente. Hay muchos ejemplos como el del dodo, un ave que vivía en la isla de Mauricio en el océano Índico y que había perdido la capacidad de volar porque hacía miles de años que no le suponía ninguna ventaja evolutiva. No tenía depredadores y criaba en el suelo, por lo tanto, ¿qué necesidad había de invertir energía en volar? La evolución es lenta y especialista en elegir el camino más eficiente para lograr alimentarse y maximizar la reproducción en un contexto ambiental concreto. Sin embargo, aquello que le había servido durante milenios dejó de funcionar cuando llegaron barcos con humanos hambrientos, ratas que se multiplicaban sin parar o granjas donde se criaban ovejas y cerdos. El dodo desapareció en muy poco tiempo y hoy solo quedan dibujos y algunos especímenes en las colecciones de los museos de historia natural. Algo parecido, pero a la inversa, pasó en Australia cuando los conejos llegaron a un hábitat en donde todo les era propicio y no había depredadores que frenaran sus impulsos procreadores. Los conejos se expandieron por el continente en apenas dos siglos y se convirtieron en una plaga difícil de erradicar. Una plaga que aún hoy sigue causando problemas y contra la cual se han empleado todo tipo de guerras biológicas no solo poco fructíferas sino causantes de la introducción de virus hemorrágicos mortales en las poblaciones europeas de estos roedores.

Enredando con las especies

Nada tenemos en contra de los conejos, ni siquiera de las ratas, aunque pueden resultar menos simpáticas. El problema es que estas especies invasoras desplazan y acaban con otras. Es bien sabido que algunos seres vivos se adaptan y otros se extinguen. Es el sino de la evolución, pero son procesos que requieren miles de años para producirse. La invasión biológica impulsada por el ser humano los acelera, de tal manera que la evolución natural no es capaz de encontrar caminos alternativos para mantener esa nueva coexistencia.

En la actualidad nos enfrentamos a las consecuencias de haber favorecido el desarrollo de determinadas especies que al ser humano le resultan útiles, bien para comer, bien para comerciar, bien por pura simpatía. Es lo que hacemos cuando sustituimos un trozo de selva por una plantación de cereal o lo que ocurre cuando criamos millones de cerdos y vacas para que una parte de los humanos pueda comer carne cada día.

La llegada de especies exóticas de otros ecosistemas, especies que muchas veces acaban siendo invasoras, está haciendo desaparecer miles de animales y plantas, además de generar pérdidas económicas y provocar grandes daños en infraestructuras. Hablamos, por ejemplo, del camalote, una planta acuática que deja los ríos sin oxígeno; del mejillón cebra, que tapona canales y tuberías; de los galápagos, que terminan con las puestas de los anfibios; de los visones americanos, que dejan sin alimento a otros pequeños depredadores como el desmán o el visón europeo. La lista de las especies exóticas que se convierten en invasoras es muy larga. Lo peor es que algunas de estas especies viajan de un lado al otro del orbe por puro despiste o, peor aún, por capricho. Muchas de las especies invasoras con las que tenemos que lidiar han llegado de un punto a otro porque queremos plantas y mascotas exóticas en nuestras casas. Plantas y animales de los que un día nos cansamos de cuidar y depositamos en 'un lugar mejor' como el río más cercano, el estanque de un parque o el bosque al que vamos de paseo. Unos años después encontramos mapaches en el Sistema Central o cotorras argentinas en las ciudades de toda la Península. Este intercambio forzoso genera una simplificación que facilita, además, la expansión de virus y enfermedades que encuentran ecosistemas cada vez más simples donde medrar sin apenas control.

TUMORES Y POBLACIONES DISPARADAS

Los tumores son producto de la multiplicación anormal de un conjunto de células. Pueden ser benignos, aquellos que no afectan al funcionamiento normal de nuestro cuerpo, o malignos, aquellos que hay que tratar porque influyen negativamente en nuestros órganos o sistemas.

Cuando se produce un aumento de las poblaciones de determinadas especies, ya sean exóticas o autóctonas, el efecto es parecido al de un tumor maligno, ya que cualquier animal o planta cuya presencia aumenta desproporcionadamente se termina convirtiendo en destructivo. Cuando la población de jabalíes, plantas acuáticas, moluscos, mosquitos o mapaches aumenta sin control porque no existen barreras que frenen su desarrollo, es clave actuar para evitar males mayores. Las medidas aplicadas para el control de estas especies exóticas pueden ser dolorosas y tener consecuencias negativas, al igual que la quimioterapia empleada para contener o eliminar un tumor. Pero, igual que con un cáncer, no hacer nada parece poco sensato.

Cuando hablamos de animales y plantas exóticas que conquistan nuevos hábitats y perjudican el desarrollo de las autóctonas, las llamamos especies invasoras. Bien, pero ¿qué pasa con las especies autóctonas cuyo número aumenta o se reduce drásticamente por intermediación humana? ¿Son también invasoras? No lo son porque siguen ocupando sus espacios históricos, pero sus poblaciones disruptivas se comportan como auténticas invasoras. Es frecuente que, para conservarlas o bien porque entran en conflicto con nuestros intereses, favorezcamos la reproducción de determinados animales o plantas, o reduzcamos la expansión de ciertas especies. De esta manera, suplantamos la regulación natural que proporcionaba su hábitat y sus depredadores naturales cuando los ecosistemas eran sanos, completos y funcionales.

Es el caso de la desaparición de los lobos en la mitad sur de la Península, que ha favorecido el crecimiento excesivo de las poblaciones de ungulados que forrajean las plantas llegando a hacerlas desaparecer y que sirven de vectores para enfermedades como la triquinosis, la tuberculosis bobina o la lengua azul, que causan pérdidas millonarias al sector ganadero. Irónicamente, es el ganado que se intentaba proteger de los ataques de los lobos al eliminar las poblaciones del depredador el que enferma por la expansión de patógenos que antes estaban controlados de manera natural. Jugando a organizar ecosistemas y diezmando lobos resulta que se obtiene con frecuencia el efecto contrario: se desestructuran las manadas de lobos que ya no son eficaces cazando especies silvestres y se favorece que ataquen al ganado.

De la misma manera, la protección de especies como las cigüeñas o los jabalíes, entre otras muchas, ha terminado provocando importantes desajustes ecológicos. Hace dos décadas aproximadamente, se comenzó a proteger a las cigüeñas en la península ibérica. El resultado pronto se hizo visible y las cigüeñas volvieron a los campanarios de las iglesias, las torres abandonadas, los árboles, los vertederos o los postes de la luz. La buena noticia es que el censo de cigüeñas se ha disparado desde aquellos años en los que ver una cigüeña era anecdótico; la mala es que ha aumentado demasiado su presencia. Hay muchas poblaciones que han dejado de migrar ya que encuentran alimento durante todo el año en los vertederos y se topan con unas temperaturas más suaves. ¿Qué especies están sufriendo el aumento de las poblaciones de cigüeñas? Aquellas que conviven y compiten por los mismos recursos pero que no resultan tan simpáticas para el ser humano. Otras especies de aves y mamíferos que no cuentan con nuestro apoyo subjetivo y emocional, y cuya decadencia conlleva ecosistemas disfuncionales.

Todos estos desequilibrios se pueden evitar en gran medida reduciendo nuestra manía de enredar con las especies, nuestra tendencia a decidir constantemente qué especies favorecemos y cuáles no, y a trasladar voluntaria o involuntariamente animales, plantas, bacterias y hongos de todo tipo de un lado a otro, por tierra, mar y aire. Es tan importante como urgente volver a una situación de equilibrio, conectando espacios naturales y seminaturales, de forma que los ecosistemas recuperen su funcionalidad y regulen ellos mismos las poblaciones manteniendo los equilibrios demográficos de todas las especies que los componen.

CAPÍTULO 4

Agricultura, la primera ruptura metabólica global

Todo empezó con la domesticación del bosque

Hace unos 13 000 años, poco después de la pequeña Edad del Hielo, se abrió una gran caja de Pandora. Todo lo que podemos llamar paisaje y vegetación primigenia cambió radicalmente. Hasta entonces la capacidad de modificar el entorno y de influir en los paisajes por parte de nuestros antepasados nómadas era muy limitada. Visto desde la perspectiva antropocéntrica que nos domina, hubo un logro que cambió nuestra historia: la aparición de la agricultura y la ganadería como consecuencia de la domesticación y de lo que los historiadores han denominado revolución neolítica. Este cambio radical, que nos permitió asentarnos y organizarnos en grupos mucho más grandes, modificó notoriamente nuestra relación con el entorno.

En un alarde de coevolución, algunas especies comenzaron a cultivarse o criarse al tiempo que nos esforzábamos en facilitar las condiciones que maximizaban su eficacia biológica. Podemos llamar a esto domesticación o, como hemos indicado, reconocer que es un proceso de coevolución en la que participan algunas plantas y animales junto con nuestra especie. Lo dejamos al gusto de cada uno, ya que el fenómeno no deja de describirse de la misma manera. Desde la perspectiva histórica y cultural dominante, la domesticación implica una voluntad racional que nosotros ejercemos para mantener esa posición dominante de *Homo sapiens* en la historia evolutiva de nuestro planeta. Vamos, que sí, que somos biología, pero una biología especial de especie y de individuos elegidos.

Trataremos de describir lo que pasó en el caso de la domesticación del trigo, una de las plantas más importantes para nuestra nutrición. Hace miles de años, unas pequeñas plantas anuales y efímeras del género *Triticum* sobrevivían manteniendo pequeñas poblaciones en alguna zona entre Turquía y Siria. Estas gramíneas presentaban un par de caracteres que resultaron muy útiles en aquel marco evolutivo de interacción con *Homo sapiens*. Unos caracteres que en otras circunstancias jamás habrían sido seleccionados por la selección natural ni hubieran permitido el mantenimiento de sus crecientes poblaciones al no haber tenido el efecto necesario en términos de eficacia biológica. Vamos, lo normal. Estos caracteres resultaron muy interesantes para su domesticación, frente a lo que ocurre con otras plantas que inician la dispersión lo antes posible, porque sus semillas permanecen en la espiga hasta que todas están maduras, y que, además, son pedunculadas, de manera que pueden extraerse todas a la vez con un pequeño esfuerzo, que no es otra cosa que trillar.

La domesticación, aunque no nos lo suelen explicar así, es un fenómeno bidireccional. Nosotros comenzamos a trabajar para estas pequeñas plantas anuales con la idea, no sabemos si muy racional, de maximizar su eficacia biológica. En ese esfuerzo limpiamos terrenos, es decir, deforestamos áreas boscosas; eliminamos todas las plantas anuales que podían competir con ellas; fertilizamos el terreno trayendo estiércol de muy lejos, y en general trabajamos para que su vida sea más fácil. Así comenzó la agricultura, y así la historia y la cultura dieron un gran salto. Nos convertimos en lo que somos. La domesticación no deja de ser un proceso evolutivo más en el que pares de especies interactúan para maximizar su eficacia biológica individual. Nada diferente a lo que ya planteó Darwin en su momento. Quizá alguien menos antropocentrista que nosotros podría decir que el pequeño *Triticum* domesticó al ser humano y lo puso a trabajar para él, maximizando su reproducción y regeneración a costa de ecosistemas completos que fueron destruidos para su expansión. En cualquier caso, dejamos esta reflexión para cuando no tengamos que atajar una urgencia climática y ambiental como la que vivimos.

LA BIODIVERSIDAD QUE COMEMOS

En el intenso proceso de cultivo de plantas y de domesticación de animales, a veces olvidamos que las especies que participan en nuestra alimentación de alguna manera (frutas, legumbres, hierbas aromáticas, cereales, gallinas, cerdos, vacas, ovejas, etc.) representan una mínima fracción de la diversidad vegetal y animal que puebla el planeta. Si sumamos los mamíferos que hemos domesticado: perros, gatos, cerdos, vacas, caballos, etc., son solo una fracción despreciable del total de especies. Sin embargo, en número de ejemplares suman más del 90% de los mamíferos que pueblan el planeta. Eso sin contarnos a nosotros.

De lo que no cabe duda es de que, como consecuencia de aquella revolución neolítica, esa que las clases de historia nos han hecho ver de forma muy positiva, los ecosistemas se destruyeron y simplificaron a una escala espacial y temporal sin precedentes. La sexta extinción, la primera que no respondía a fenómenos naturales catastróficos sino a la acción de una sola especie, había comenzado. Nuestros antepasados colocaban, sin darse cuenta, todo el andamiaje para que diera comienzo una nueva era geológica, el Antropoceno.

La degradación y destrucción de los hábitats implicó una pérdida masiva de diversidad y un primer paso en la disrupción metabólica que simplifica los servicios ecosistémicos que mantienen nuestro bienestar. Fue el principio de la enfermedad global a la que ahora nos intentamos enfrentar. Los ejemplos de defaunación masiva y de destrucción de hábitats en las diferentes regiones donde el ser humano se fue asentando son bien conocidos. Los anasazi en Norteamérica o las civilizaciones helénicas en el Mediterráneo oriental son ejemplos de civilizaciones que colapsaron y desaparecieron dejando como prueba de su existencia solo algunos restos arqueológicos. Ambos ejemplifican las consecuencias que tiene sobrepasar la capacidad de carga del ecosistema en el que una civilización se asienta. Hoy, en los países desarrollados vivimos sobrecargando el ecosistema, pero externalizamos las consecuencias a los países sin recursos. Es decir, utilizamos los recursos de otros para mantener nuestras demandas de servicios ecosistémicos.

Las consecuencias en la península ibérica

La emergencia de la agricultura y de la ganadería, el sedentarismo, el desarrollo de la cultura, de la religión y de las estructuras políticas de gobierno permitieron construir ciudades, primero modestas y, finalmente, grandes urbes. Los paisajes que hemos denominado primigenios, los que había antes de la revolución neolítica, se transformaron en paisajes históricos. En ellos, remanentes muy simplificados de vegetación natural se mantuvieron como manchas forestales con poblaciones de árboles con estructuras muy alteradas como consecuencia de la explotación de la madera o de cualquiera de los recursos que ofrecen estos hábitats. Estas áreas coexistían con ecosistemas seminaturales como los prados de siega o con zonas en las que la acumulación de agua permitía hábitats con recursos para el ganado en el interior de la Península, intercalados con otros más degradados como los campos de cultivo extensivos de secano. La pérdida de especies y el colapso de muchos ecosistemas debieron de ser algo generalizado. Los grandes herbívoros y carnívoros fueron los primeros en extinguirse, pero de la mano debieron de perderse muchas especies de todo tipo de grupos biológicos que no han dejado su rastro en el registro fósil.

Dada la enorme capacidad de destrucción del ser humano, el proceso fue rápido. Emergieron nuevos paisajes que poco tenían que ver con los que existían durante nuestra época nómada de cazadores recolectores. Afortunadamente, algunos procesos funcionales y evolutivos de aquellos hábitats primigenios se mantuvieron gracias a que los cambios introducidos por el ser humano podían mimetizar procesos que habían existido hasta entonces. Por ejemplo, el pastoreo recordaba la presión de los grandes herbívoros; el manejo del fuego mantenía la prevalencia de este como motor evolutivo en muchas zonas; el arado de tierras podía recordar a ciertas perturbaciones como avalanchas, inundaciones o desprendimientos de ladera que dejaban los suelos completamente expuestos y promovían la sucesión secundaria. Todo ello permitió mantener, pese a todo, tasas elevadas de diversidad y buena parte de la funcionalidad ecosistémica de estos paisajes y hábitats.

En nuestro contexto mediterráneo debieron de desaparecer buena parte de las especies ligadas a los ambientes menos luminosos y húmedos, simplemente porque los bosques se abrieron y su madera se utilizó como recurso constructivo y energético. Un importante grupo de especies anuales o bianuales de plantas extendió su nicho a los espacios que ofrecían los campos de secano, hasta el punto de cobijar buena parte de la flora que hoy consideramos más amenazada de extinción en nuestro entorno, como el jaramugo de cavanilles (*Sysimbrium cavanillesianum*) o el mastuerzo salino (*Lepidium cardamines*), plantas a las que mucha gente hoy llama malas hierbas y que denuncian la visión agronómica que ha prevalecido a lo largo de la historia de la diversidad biológica de nuestros entornos. Dónde estaban antes de la transformación que provocamos en el territorio todas estas mal llamadas malas hierbas es difícil de saber, pero que consiguieron sobrevivir en estos hábitats de origen antrópico es indudable. Lo mismo ocurre con algunas plantas de bosque y, sobre todo, de orlas herbáceas de estos como la viborera azul (*Echium cantabricum*) o la estrella de los pirineos (*Aster pyrenaicus*), que consiguieron persistir en prados seminaturales como los de siega, hábitats que exigen un manejo intenso que demanda recursos humanos y energéticos.

El paso a la agricultura intensiva

La biosfera, esa fina capa de vida que envuelve el planeta y en la cual se dan las condiciones muy concretas y exactas que el ser humano requiere para vivir, se asienta y se engrana con otras capas planetarias como las formadas por tierra (geosfera), agua (hidrosfera) o aire (atmósfera). Entre todas ellas se establecen contactos e intercambios de materia y energía. Podemos ver estos ciclos de materia y energía como una suerte de metabolismo planetario en el que nada se crea ni se destruye globalmente, pero sí que se transforma y se moviliza. Un metabolismo que se apoya en la noción de equilibrios dinámicos, donde todo cambia pero el conjunto permanece estable.

En esa movilización entra en juego la parte viva del planeta, y dentro de ella, nosotros mismos. Los seres humanos rompimos el metabolismo de la biosfera para poder ser muchos. Ahora nos toca arreglarlo si queremos seguir siendo tantos. Rompimos esas barreras metabólicas hace menos de un siglo al pasar de una agricultura que eliminaba hábitats, sí, pero mantenía buena parte de las funciones ecosistémicas, a otra que, como veremos, nos alimenta y nos envenena a la vez. Se calcula que sin la ruptura metabólica global que supuso la agricultura del siglo XX en lugar de ser actualmente casi ocho mil millones de personas en el planeta, apenas llegaríamos a cuatro. Sin embargo, las consecuencias de esta producción masiva de alimentos ya están aquí en forma de contaminación, agotamiento de recursos y problemas graves en nuestra salud. Y es que pocas cosas son menos sostenibles que la agricultura actual; no solo por su descomunal huella ambiental en forma de ecosistemas eutrofizados —aquellos con un exceso de nutrientes que provoca su colapso— y de emisiones colosales de gases de efecto invernadero, sino también por la necesidad de recursos que ya son limitantes como el fósforo, esencial para los fertilizantes y cuya provisión no se puede asegurar, o incluso el agua para regar, cada día más escasa en cada vez más regiones del planeta.

La producción agrícola disparada permitió el crecimiento exponencial de la población humana, pero varios ciclos de la materia y energía se quedaron sin cerrar desde entonces. Y es que, para lograr ese enorme aumento de la producción agrícola hizo falta, sobre todo, obtener nitrógeno y fósforo en grandes cantidades, ya que la fertilidad natural de los suelos ni era suficiente ni le dábamos tiempo a recuperarse de forma natural. La alteración profunda del metabolismo de la biosfera a manos de la agricultura intensiva produce rápidamente mucha comida (es lo que se llamó revolución verde en un alarde de visión reduccionista y antropocéntrica), pero también mucha contaminación. Es una fractura metabólica tan poco eficiente como peligrosa.

El abuso del nitrógeno y el fósforo

Nos llevó ingenio y trabajo aumentar exponencialmente la producción de alimentos y la clave fueron los fertilizantes, así como la tecnología asociada a la gestión del agua. Pero no podemos presumir mucho de la gesta, ya que la mitad del nitrógeno se desperdicia, produciendo una grave y generalizada contaminación del agua, los humedales y los suelos. Por su parte, el fósforo no se puede seguir extrayendo al ritmo necesario para mantener esta agricultura enloquecida. Al igual que el nitrógeno, mucho del fósforo que extraemos con bastante dificultad acaba contaminando lagunas y ecosistemas, dado que la agricultura intensiva no es capaz de rentabilizar el uso de este recurso.

El nitrógeno es un componente esencial de los aminoácidos y los ácidos nucleicos y por ello es imprescindible para los seres vivos. De todos los nutrientes minerales, es el que mayor efecto tiene en el crecimiento de los organismos fotosintéticos y, por lo tanto, en la productividad primaria de los ecosistemas.

Pero los fertilizantes con nitrógeno son un arma de doble filo, ya que incrementan la productividad vegetal a la vez que suponen una importante fuente de contaminación del suelo, del aire y de las aguas. Los compuestos que contienen iones de cianuro (un compuesto que tiene nitrógeno) forman sales extremadamente tóxicas mortales para numerosos animales, entre ellos los mamíferos. El amoníaco, otro compuesto con nitrógeno, es también altamente tóxico. Las moléculas de nitrógeno, en estado natural, se encuentran principalmente en la atmósfera. Alrededor del 78,1% del aire que nos rodea es nitrógeno, un elemento muy estable, poco reactivo y casi inerte debido a los resistentes enlaces triples que mantienen unidos los dos átomos de este elemento que constituyen las moléculas de nitrógeno. El milagro de la revolución verde fue encontrar la forma de extraer el nitrógeno de la atmósfera, donde abunda, para poderlo aportar a los suelos en formas más o menos oxidadas, donde se agota con rapidez.

La clave de ese milagro es el proceso de Haber-Bosch, una reacción química entre el nitrógeno y el hidrógeno gaseosos, ambos muy abundantes, para producir amoníaco, que al oxidarse forma nitritos y nitratos, la base de los fertilizantes artificiales. No fue hasta los primeros años del siglo XX cuando este proceso, que produce más de 100 millones de toneladas de fertilizantes de nitrógeno y consume casi el 1% de la energía mundial cada año, fue desarrollado. Fue patentado por Fritz Haber en 1910, que recibió el Nobel de Química en 1918, y comercializado por Carl Bosch, que obtuvo el mismo galardón en 1931. A finales del siglo XX, el ser humano ya fijaba más nitrógeno atmosférico mediante este proceso que todos los ecosistemas de la Tierra juntos; estábamos desequilibrando el ciclo del nitrógeno. Lo que se entendió como un logro científico y tecnológico revolucionario, con el tiempo se convirtió, como en otras ocasiones, en un grave problema, ya que altera profundamente el ciclo de este elemento contaminando todo.

El nitrógeno se encuentra en el agua y en los suelos en forma de nitratos y nitritos y ambos tienen efectos bien conocidos sobre la salud humana: reaccionan con la hemoglobina en la sangre, causando una disminución en su capacidad de transporte de oxígeno, afectan al funcionamiento de la glándula tiroidea, disminuyen la vitamina A y favorecen la producción de nitrosaminas, una de las causas más comunes de cáncer. Por su parte, los impactos del exceso de nitrógeno en la biosfera —ese que ha provocado el ser humano usándolo como fertilizante o a través de las emisiones que produce la industria—, son tan amplios que resultan difíciles de resumir. Se reúnen en cinco áreas: impactos en la calidad del agua, en la calidad del aire, en los gases de efecto invernadero, en los ecosistemas y en la biodiversidad.

LA CONTAMINACIÓN POR NITRÓGENO ES DE SOBRA CONOCIDA
En el informe de la Fundación Europea de la Ciencia (ESF) sobre el nitrógeno se dice literalmente: "Los humanos están produciendo un cóctel de nitrógeno reactivo que amenaza la salud, el clima y los ecosistemas, convirtiendo el nitrógeno en uno de los problemas de contaminación más importantes que enfrenta la humanidad. A pesar de esto, la magnitud del problema sigue siendo en gran medida desconocida y no reconocida fuera de los círculos científicos".

Las adiciones de nitrógeno al suelo a través de los fertilizantes refuerzan el efecto invernadero. Alrededor del 60% de las emisiones de óxido nitroso, un potente gas de efecto invernadero, vienen fundamentalmente de los campos fertilizados, de los abonos y de otras fuentes agrícolas. La escorrentía de fertilizantes, que genera la pérdida de hasta un 50% del nitrógeno aplicado para fertilizar los campos, causa una importante contaminación hídrica potenciando *blooms* o fenómenos de superproliferación de algas en lagos y vías fluviales, que emiten a su vez grandes cantidades de gases de efecto invernadero al tiempo que limitan el desarrollo de los organismos que de forma natural ocupaban aquellos hábitats.

Por su parte, el fósforo, el otro gran nutriente, tiene tres características importantes: es esencial para la vida, es escaso y poco disponible en la práctica pero, por otro lado, llega a ser contaminante si sus valores superan un cierto umbral. El fósforo es un elemento químico imprescindible para la vida por su papel en numerosas moléculas clave, como el ADN y el ARN. De hecho, los organismos necesitan grandes cantidades de fósforo para crecer rápidamente. Por ello, cada año se extraen grandes cantidades de fósforo para producir fertilizantes que se aplican para seguir produciendo grandes cantidades de comida. Sin embargo, gran parte de este fertilizante acaba en los ríos, lagos y océanos, donde provoca la acumulación excesiva de nutrientes o eutrofización[9], un fenómeno costoso y destructivo. Además, dado el aumento de la población humana, el incremento del consumo de carne y la proliferación de presiones bioenergéticas, la preocupación por la viabilidad geológica, económica y geopolítica a largo plazo del fósforo extraído para la producción de fertilizantes está creciendo con rapidez. Todo esto pone de manifiesto la naturaleza insostenible del actual uso humano del fósforo (Elser, 2012). Para lograr la sostenibilidad global del ciclo del fósforo y minimizar los impactos ambientales asociados, las explotaciones agrícolas deben ser mucho más eficientes en su uso, mientras que la sociedad en su conjunto debe desarrollar tecnologías y prácticas para reciclar el fósforo de la cadena alimentaria. Estos cambios a gran escala requieren una reestructuración radical de todo el sistema alimentario; se necesita una acción tan rápida como sostenida en el tiempo.

En esta lucha por hacer más sostenible la producción de alimentos puede jugar un papel importante la biotecnología aplicada a la alimentación. Iniciativas como la liderada por la

---

9. Efecto que provoca en un ecosistema acuático el exceso de nutrientes procedentes de actividades humanas, principalmente nitrógeno y fósforo. Estos nutrientes inorgánicos hacen que proliferen las algas de manera descontrolada, que consumen todo el oxígeno y provocan la muerte de otros organismos.

microbióloga Susana Sánchez, de la Universidad de Navarra, que está desarrollando proteínas saludables gracias a la actuación de determinadas bacterias sobre desperdicios como las peladuras de patata o el suero que se genera al fabricar queso. El proceso, además de eliminar desechos, requiere de poca agua y no es agresivo contra el medioambiente.

Vivimos en el planeta azul, pero el agua potable no es infinita

El reconocimiento en julio de 2010 por parte de la Asamblea General de Naciones Unidas del acceso básico al agua y al saneamiento como un derecho humano tiene relación directa con la condición del agua como bien público esencial para la vida y para la economía. Disponer de agua en cantidad y calidad suficientes es algo imprescindible para el desarrollo de la sociedad y para la lucha contra la pobreza y las enfermedades en cualquier parte del mundo. Es un recurso indispensable en el mantenimiento de los ecosistemas, pero sobre todo es un derecho esencial para la vida y la dignidad de los seres humanos. Hoy, uno de cada cinco niños en el mundo carece de agua suficiente para satisfacer sus necesidades diarias. La mayoría se encuentran en África Oriental y Meridional (58% del total de niños de esta región), seguida de África Occidental y Central (31%), Asia Meridional (25%) y Oriente Medio (23%). Las Naciones Unidas hablan de fracaso moral al referirse a la carencia de agua potable en numerosas poblaciones humanas.

No somos conscientes de que estamos consumiendo rápida y globalmente un recurso imprescindible para la humanidad que se regenera con tremenda lentitud: el agua del subsuelo. Lo hacemos porque no nos basta con el agua de lluvia, y desalar el agua marina exige mucha energía. El agua subterránea es la mayor reserva de agua dulce de la Tierra y más de dos mil millones de personas obtienen su agua potable del subsuelo. El cambio climático, la sobreexplotación y la creciente población mundial plantean grandes desafíos para la gestión sostenible de los recursos hídricos, especialmente en las regiones costeras donde la subida del nivel del mar complica mucho las cosas por el efecto de la salinización. Los recursos de agua dulce renovables provienen de la escorrentía de los ríos hacia los océanos. Los recursos no renovables (estáticos) son los horizontes profundos de las aguas subterráneas cuya tasa de reposición es insignificante en la escala humana del tiempo.

El uso de agua dulce en el mundo es de 3853 km³/año y solo el 9% de este consumo se extrae del caudal fluvial del planeta; el resto lo sacamos del subsuelo. Dicho de otro modo, estamos consumiendo mayoritariamente un agua que no se repone o que lo hace a una velocidad significativamente menor que la tasa a la que la extraemos. En los últimos cien años, el uso total de agua ha aumentado 4,5 veces, lo cual supera al crecimiento de la población, que en ese periodo se ha multiplicado por 4,2. Es decir, hay cada vez más gargantas secas que abastecer, pero sube el consumo de agua per cápita (figura 4). Y en eso tiene mucho que ver la agricultura, causante por ejemplo de la práctica desecación del otrora extenso mar de Aral. Cuando la Unión Soviética se propuso convertirse en el principal productor mundial de algodón, uno de los mayores lagos del planeta, el mar de Aral, quedó reducido a menos de un 10% de su extensión original, que era en los años 1960 equivalente a la de toda Andalucía.

Llevamos muchas décadas gastando más agua de la que se almacena por lo que nos estamos hipotecando en materia hídrica (Martínez, 2022). Tres cuartas partes del agua que se extrae de pozos, ríos y lagos van destinadas exclusivamente a regar los campos de cultivo, en la mayor parte de las ocasiones de forma muy poco eficaz. El problema radica en el largo tiempo de reacción de los sistemas de agua subterránea. La extracción continuada de agua del subsuelo puede convertirse en una bomba de tiempo ecológica. Lo que les sucede hoy a estos sistemas subterráneos proyecta una terrible sombra hacia el futuro y afecta las condiciones de vida de nuestros bisnietos. Pero incluso sin esa proyección hacia el futuro, el problema del agua es acuciante. La crisis mundial del agua es una realidad que el cambio climático no hará más que empeorar: se calcula que para 2030 uno de cada cuatro niños del mundo vivirá en zonas con carencia extrema de agua y unos 700 millones de personas deberán movilizarse empujados por la escasez de agua.

FIGURA 4

Evolución temporal de la población humana y del consumo de agua. En gris se muestra el aumento de la población mundial desde 1800 hasta ahora. La línea refleja el aumento del consumo de agua mundial hasta 2014, expresado en millones de hectómetros cúbicos.

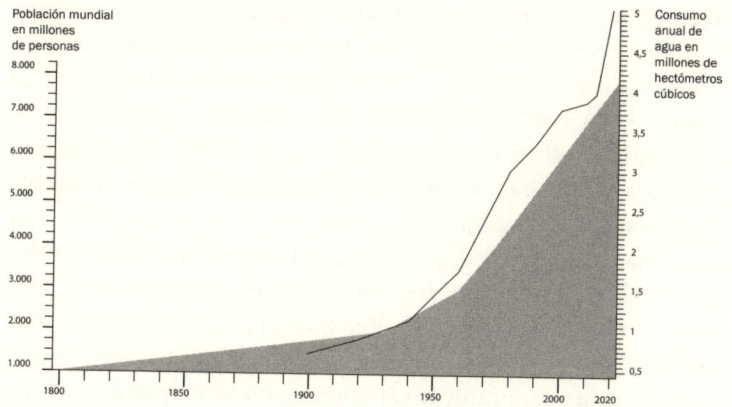

FUENTE: WORLDOMETERS, EN HTTPS://WWW.WORLDOMETERS.INFO/WATER/.

Hablar de limitaciones hídricas es hablar de limitaciones agrícolas. El cambio climático antropogénico ha reducido la productividad agrícola mundial en aproximadamente un 21% desde 1961, una desaceleración que equivale a perder los últimos siete años de productividad agrícola. El efecto es sustancialmente más grave (una reducción de ~26-34%) en las regiones más cálidas de África, América Latina y el Caribe. Se ha observado, en general, que la agricultura mundial se ha vuelto más vulnerable al cambio climático, acrecentando los graves problemas derivados en la actualidad de la escasez de agua.

Enfermos por exceso de producción:
obesidad y desnutrición

Con la agricultura actual y nuestro modo de consumir y comer estamos llevando un poco más allá aquello de que "hasta el agua es un veneno" porque todo es cuestión de cantidad. Preocupados durante décadas por la seguridad alimentaria de una población creciente, hemos logrado producir comida barata en cantidades industriales, llegando a la tremenda paradoja actual de que millones de personas con rentas bajas y dificultades para adquirir alimentos de calidad siguen malnutridos, solo que ahora, además, tienen sobrepeso, con la panoplia de problemas de salud que ello trae consigo. Las estadísticas reflejan que la pobreza se asocia con comida de mala calidad y sobrepeso. La comida rápida (y barata) está haciendo que en países como España uno de cada cuatro niños tenga sobrepeso, y en familias con pocos ingresos y con bajo nivel cultural, las estadísticas de obesidad infantil se disparan.

Hace un siglo, los niños de familias pudientes eran rollizos y los de familias pobres, delgados. Ahora es justo al revés, los niños delgados tienen padres que en promedio ganan más dinero. Esto se debe en buena medida a que comer mucho es más barato que nunca. Lo que es caro es comer bien. Producimos demasiada comida y consumimos demasiados azúcares y grasas de baja calidad. Si a esto sumamos unos hábitos cada vez más sedentarios, especialmente en el caso de quienes tienen menos recursos económicos, la combinación entre sobrepeso y desnutrición se hace inevitable. Los datos hablan por sí mismos: desde 1975 se ha triplicado la obesidad, y hoy en día una de cada cuatro personas en el mundo tiene sobrepeso, de forma que ya hay más personas obesas que con peso inferior al normal[10]. Preocupa especialmente la nutrición prenatal y de los más jóvenes en los países y capas sociales

---

10. Muy interesante este breve informe de la Organización Mundial de la Salud sobre obesidad y sobrepeso publicado en 2024: https://bit.ly/3Mkb0Uo.

con menores ingresos. Los niños están expuestos a alimentos que suelen costar menos, pero también tienen nutrientes de poca calidad, con muchas calorías, grasas, azúcar y sal.

La población mundial con ingresos bajos y medianos afronta lo que se conoce como una doble carga de morbilidad: a la vez que luchan para subsistir evitando las enfermedades y la desnutrición, también experimentan un rápido aumento en los factores de riesgo de la obesidad y el sobrepeso, sobre todo en los entornos urbanos, de forma que no es raro encontrar desnutrición y obesidad coexistiendo en el mismo país, la misma comunidad e incluso el mismo hogar.

A medida que crece el producto interior bruto de los países aumenta la ingesta de proteínas, pero solo cuando esta ingesta es de proteínas vegetales. Dicho de otro modo, aumentar la ingesta de proteínas es un esfuerzo global para mejorar la salud de millones de personas desfavorecidas, pero esa proteína debe ser mayoritariamente de origen vegetal por la salud de esas mismas personas y la del planeta, ya que producir proteína animal tiene un impacto ambiental mucho mayor (en forma de agua y alimento para el ganado) que producir proteína vegetal.

Todo esto nos lleva a la noción de "dieta planetaria", que resulta de combinar el conocimiento ancestral, la investigación científica y lo que es saludable para las personas y para el medioambiente[11]. Esta idea se puede representar simbólicamente con medio plato de frutas y verduras y otra mitad compuesta por cereales integrales, proteínas vegetales como legumbres y frutos secos, aceites vegetales insaturados, cantidades modestas de carne y lácteos, y muy pocos azúcares y grasas. No es casualidad que lo que le sienta bien al planeta nos siente también bien a nosotros.

---

11. Una buena introducción a esta dieta se encuentra en el informe de la Comisión EAT-Lancet que incluye un resumen en español, en https://bit.ly/3Or muaw.

Políticas obsoletas que impiden reajustar el metabolismo planetario y carecen de visión global

La política agraria europea y las economías desarrolladas deben asegurar la alimentación de grandes poblaciones humanas, pero respaldan un negocio industrial contaminante. Desde sus orígenes, donde preocupaba la seguridad alimentaria de los europeos, a lo que es en la actualidad, la producción de alimentos ha cambiado de objetivos, priorizando la producción sobre la conservación ambiental y alejándose cada vez más de una sostenibilidad real.

Europa pretende arrancar su economía de la tercera década del siglo XXI en verde, pero para lograr que el balance de sus acciones tenga ese color, no computa los impactos que genera fuera de sus fronteras. Esto es lo que se desprende de su estrategia con el Green Deal o Pacto Verde Europeo. La Unión Europea depende en gran medida de las importaciones agrícolas; solo China importa más. En el año 2020, la región compró una quinta parte de los cultivos y el 1% de la carne y los productos lácteos consumidos (118 megatoneladas y 4 Mt, respectivamente), lo cual permite a los europeos cultivar de forma menos intensiva. Sin embargo, las importaciones proceden de países con una legislación medioambiental menos estricta que la europea, y los acuerdos comerciales de la Unión no exigen que las importaciones se produzcan de forma sostenible.

EL DESPERDICIO DE ALIMENTOS

Generar productos agrícolas y ganaderos ocupa un 37% de la superficie terrestre, consume el 70% del agua dulce disponible y produce más de un tercio de las emisiones de gases efecto invernadero. Por increíble que pueda sonar, aproximadamente la tercera parte de los alimentos que producimos se tira para mantener los precios de mercado estabilizados. Mantener esa estabilización de precios tirando comida hace que empleemos el 12% de la superficie terrestre, gastemos el 23% del agua disponible y emitamos el 8% de los gases de efecto invernadero globales para nada. Pensemos que con una cuarta parte de lo que tiramos se neutralizaría la malnutrición en el mundo. El precio ambiental y ético de mantener el actual sistema alimentario es injustificable.

Otro aspecto que debemos solucionar es el del desperdicio de alimentos. Aunque la mitad del desperdicio alimentario que se produce en el mundo rico se debe al descarte que el consumidor hace porque le resultan poco atractivos, el problema no solo descansa en los hombros de quienes compran. La otra mitad de este desperdicio se realiza antes de la comercialización para estabilizar los precios. En el caso de Europa, dos de los objetivos de la Política Agrícola Común (PAC) son la seguridad alimentaria y apoyar las rentas agrarias. Un instrumento para proteger al agricultor de la presión de los mercados es la retirada de hasta un 5% de la cosecha, que paga la Unión. Solo en 2019 y en Andalucía se han desperdiciado por esta razón más de 300 000 m³ de agua subterránea, 136,5 t de fertilizantes y se han emitido más de 7500 t de CO_2 a la atmósfera (Martínez-Valderrama *et al.*, 2020) para nada. Las decisiones agrarias no pueden basarse únicamente en el precio del producto, sino que deben acomodarse a la escasez global de recursos como el agua o suelo y a las medidas de mitigación y adaptación al cambio climático.

La verde Europa no es tan verde

El Pacto Verde Europeo, anunciado en diciembre de 2019, es un ambicioso paquete de políticas que pretenden convertir el viejo continente en el primero en ser neutral desde el punto de vista climático para 2050. Establece objetivos para reducir las emisiones de carbono y mejorar los bosques, la agricultura, el transporte, el reciclaje y las energías renovables. La Unión Europea quiere dar una lección al resto del mundo de cómo ser sostenible y competitivo.

Sin embargo, para hacerlo, está omitiendo algunos detalles importantes, como el hecho de que los Estados miembros siguen, de forma análoga a cuando lo hacían en el marco de la colonización, externalizando los daños medioambientales a otros países, mientras se atribuyen el mérito de las políticas ecológicas en casa. Aunque la Unión Europea reconoce que será necesaria una nueva legislación en torno al comercio, a corto plazo, nada cambiará con el Pacto Verde. A la hora de evaluar la huella de carbono de los países en el marco del Acuerdo de París, solo se analizan las emisiones producidas dentro de una nación, no las incorporadas a los bienes consumidos en ella, pero producidos en otros lugares. Esto es un desastre. En el caso europeo, cada ciudadano provoca actualmente alrededor de 1 tonelada de dióxido de carbono al año en los bienes importados que consume. Si la Unión Europea no evalúa su huella de carbono global para reducirla, el Pacto Verde corre el riesgo de perpetuar graves problemas ambientales y no de solucionarlos.

LAS TRAMPAS DE EUROPA

La Unión Europea, con menos del 10% de la población mundial, transgrede ella sola varios límites ecológicos globales. Sin embargo, quiere liderar el cambio a una economía que respete el medioambiente. La iniciativa es loable y hay que seguir trabajando en ella, pero es importante que se haga desde la verdad. No se puede ser muy ecológico en la producción pero importar productos como la soja o el aceite de palma que provocan la pérdida de biodiversidad a 10 000 kilómetros de Europa. En la agricultura europea están muy restringidos los organismos modificados genéticamente o el uso de pesticidas. Sin embargo, Europa importa soja de Brasil, Argentina, Estados Unidos o Canadá, donde no se cumplen los criterios ambientales que establece el viejo continente.

Transgrediendo los límites planetarios

Una forma de entender los riesgos de alterar el metabolismo de la biosfera es a través del concepto de los límites planetarios

(Persson *et al.*, 2022). Estos límites[12] son representaciones numéricas de procesos físicos o biológicos esenciales que no deberíamos superar para mantener la vida humana en la Tierra. Los límites planetarios ayudan a identificar qué sistemas de producción y consumo son ambientalmente sostenibles en términos absolutos, es decir, en comparación con los límites ecológicos y la capacidad de carga (tamaño máximo que a largo plazo puede alcanzar una población de manera que se mantenga la disponibilidad de recursos) de la Tierra y cuáles no.

Sala *et al.* (2020) evaluaron los impactos de la producción y el consumo de la Unión Europea mediante indicadores basados en el ciclo de vida de los bienes consumidos comparándolos con los límites planetarios. Se adoptaron cinco perspectivas diferentes para evaluar los impactos: una de producción (la llamada *huella doméstica de la Unión Europea*) y cuatro de consumo distintas. Al evaluar los impactos ambientales globales del consumo de la Unión Europea en comparación con los límites planetarios globales se observó que los impactos relacionados con el cambio climático, la contaminación atmosférica, el uso del suelo y los recursos minerales estaban cerca o transgredían los límites globales. Es decir, la Unión Europea, con menos del 10% de la población mundial, está próxima a transgredir ella sola los límites ecológicos globales (Sala *et al.*, 2020).

No es fácil calcular ni definir estos límites, pero, a pesar de las incertidumbres y limitaciones del estudio, los resultados son importantes puntos de referencia para establecer objetivos políticos que garanticen que el consumo y la producción en Europa se mantienen dentro de unos parámetros ecológicos seguros. Y, lo que es aún más importante, para comprender la magnitud del cambio que debe hacer Europa para reducir los impactos, los esfuerzos de síntesis y de evaluación regional deben trasladarse a contextos globales, dado que, como ya hemos indicado, el planeta es uno y su salud no puede ser parcelada.

---

12. El concepto puede consultarse en Wikipedia, en https://bit.ly/3vA04LK.

La recuperación ambiental y la producción de alimentos deben coordinarse globalmente

Entre 1990 y 2014, los bosques europeos se expandieron un 9%, una superficie similar al tamaño de Grecia (13 Mha). En otros lugares, se deforestaron alrededor de 11 Mha para cultivar productos que se consumían en la Unión. Tres cuartas partes de esta deforestación estaban relacionadas con la producción de semillas oleaginosas en Brasil e Indonesia, regiones con una biodiversidad sin parangón y que albergan algunos de los mayores sumideros de carbono del mundo, cruciales para mitigar el cambio climático. Dicho de otro modo, la reforestación en Europa solo es posible porque su demanda de productos agrícolas y ganaderos está cubierta por otros países en los que generar esta producción causa una pérdida de superficie forestal equivalente a la que se gana en Europa. Por eso, si queremos entender y cambiar lo que pasa con el medioambiente hay que hacer balances globales.

El Pacto Verde Europeo quiere transformar la agricultura europea en la próxima década. La iniciativa "De la granja a la mesa" pretende reducir el uso de fertilizantes en Europa en un 20% y el de plaguicidas en un 50%, y que la cuarta parte de las tierras se cultiven de forma ecológica en 2030. La Unión Europea tiene previsto plantar 3000 millones de árboles, restaurar 25 000 kilómetros de ríos y revertir el declive de los polinizadores. Esto está muy bien si no miramos qué pasa más allá de las fronteras europeas, pues no se han fijado objetivos paralelos para el comercio exterior que garanticen la sostenibilidad de las importaciones agrícolas de la Unión Europea. Hasta nuevo aviso, estas importaciones se seguirán rigiendo por un mosaico de normas, algunas obligatorias y otras voluntarias, que deben atenerse a la directiva revisada sobre energías renovables de 2018. En ella se estipula, por ejemplo, que las semillas oleaginosas como la soja no deben proceder de tierras recientemente deforestadas, pero son requisitos irregulares y mal aplicados.

Los departamentos de aduanas no disponen de los mecanismos, el dinero o el personal necesarios para comprobar que las mercancías cumplen los criterios de sostenibilidad cuando llegan a los puertos europeos. Los acuerdos comerciales de la Unión no indican qué normas específicas deben cumplir las importaciones ni si los países exportadores deben contar con una legislación o un control medioambiental adecuados. Los firmantes del pacto UE-Mercosur, por ejemplo, solo se comprometen a "esforzarse" por mejorar su legislación medioambiental y de protección laboral.

Los sistemas de certificación voluntaria, que desarrollan representantes de la agricultura y la industria y que acredita la Unión Europea, son los encargados de llenar este vacío. Uno de los sistemas más utilizados es el que gestiona la Federación Europea de Fabricantes de Piensos Compuestos (FEFAC) en Bélgica, que asesora a sus miembros sobre las normas de sostenibilidad que deben seguir al producir o comprar piensos. Estas directrices abarcan el cumplimiento de la legislación, las condiciones de trabajo, la responsabilidad medioambiental (evitar la deforestación y proteger las reservas naturales), las prácticas agrícolas y el respeto de los derechos de la tierra y la comunidad.

También algunas empresas definen sus propios puntos de referencia en líneas similares. El conglomerado estadounidense Cargill —que comercializa, compra y distribuye productos agrícolas— promueve su norma Triple S (origen y suministro sostenibles); Amaggi, el mayor productor de soja del mundo, sigue programas de sostenibilidad como ProTerra para sus operaciones en Brasil. Sin embargo, los informes corporativos sobre sostenibilidad siguen siendo voluntarios y muchas empresas como Cargill no informan de forma exhaustiva, alegando confidencialidad. La dirección es buena pero apenas se avanza por este camino.

En consecuencia, los índices de certificación son bajos. Por ejemplo, en 2017, solo el 22% de la soja utilizada en Europa cumplía con las directrices de la FEFAC y solo el 13% estaba certificado como libre de deforestación. El conjunto de las importaciones agrícolas de la UE, por ejemplo, carne de vacuno de Brasil por valor de 500 millones de dólares, están relacionadas con más de un tercio de toda la deforestación que provoca el comercio mundial de cultivos desde 1990.

Además de ignorar la deforestación del pasado, el marco normativo del Pacto Verde no modifica estas normativas, perpetuando sus fallos. Concretamente, la directiva de energías renovables ignora la deforestación de las tierras desbrozadas antes de 2008, año en que se renovó dicha directiva por un segundo periodo. Por tanto, las explotaciones creadas en los terrenos de antiguos bosques pueden considerarse ahora "sostenibles" cuando en realidad no lo son. Esto incluye 9 Mha de tierra, en gran parte en la Amazonia y el Cerrado brasileños, que fueron deforestadas entre 1990 y 2008 para satisfacer la creciente demanda por parte de Europa de semillas oleaginosas para la alimentación animal y el biodiésel, que se duplicó entre 1986 y 2016. Sin duda, queda mucho camino que andar para encajar la producción de alimentos dentro de la salud planetaria.

Hay que aumentar el consumo local dentro de un sistema alimentario global y equilibrado

La Unión Europea cultiva pocas semillas oleaginosas por sí misma: la colza, el girasol y las aceitunas representan solo el 7% de todos los cultivos del continente. El grueso de sus importaciones (90%) procede de ocho países, con Brasil a la cabeza.

Junto a la deforestación, los problemas ambientales de la agricultura crecen con la industria agroquímica. La aplicación de herbicidas se ha duplicado en los últimos diez años en Estados Unidos para algunos cultivos. Los socios comerciales de Europa utilizan de media más del doble de fertilizantes en la soja que lo que se practica en Europa: 34 kilos por tonelada de soja (60 kilos por tonelada en 2014 en el caso de Brasil), frente a los 13 kilos de la Unión. El uso de los plaguicidas también ha aumentado en ocho de los diez principales socios comerciales de la Unión Europea en detrimento de los polinizadores. De hecho, el creciente uso de plaguicidas en Brasil (con 193 plaguicidas aprobados desde 2016 que están prohibidos por Europa) se ha relacionado con la caída en picado de las poblaciones de abejas.

CONSUMIR Y PRODUCIR LOCALMENTE

Nuestra sociedad tiene una relación enfermiza con la comida. Cada día, en los supermercados de las grandes ciudades del primer mundo, una compleja red de distribución pone a disposición del consumidor todo tipo de alimentos durante todo el año. Además del coste energético que supone transportar fruta desde el otro lado del planeta para comer cerezas en diciembre, es también un enorme desperdicio, ya que para que las estanterías estén llenas de carne, pescado y frutas todo el tiempo se genera una inmensa cantidad de desperdicio.

Sería más barato y eficiente que volviéramos al consumo de proximidad, ligándolo a la estacionalidad de los alimentos. Esto reduciría mucho el impacto ambiental, favorecería la producción local y permitiría una repoblación razonable de las áreas rurales.

La dependencia de la Unión Europea de las importaciones agrícolas es el resultado de décadas de políticas y acontecimientos que han reducido la superficie de las tierras cultivadas. Por ejemplo, en los años noventa, tras el colapso de la Unión Soviética, se abandonaron las empresas agrícolas poco competitivas de Europa del Este. En la década siguiente, las reformas de la PAC de Europa establecieron subvenciones basadas en la superficie, no en la producción, con el objetivo expreso de reducir la producción de alimentos en general. Sin embargo, algunas de las tierras abandonadas —zonas con menos biodiversidad o con usos no agrícolas, por ejemplo— deberían volver a cultivarse ahora para reducir la presión en los trópicos.

Aumentar la producción nacional es políticamente complicado. Podría además reducir las reservas de carbono en los bosques, reducir la biodiversidad y aumentar la contaminación agrícola en Europa. Sin embargo, los sistemas de producción de alimentos de la Unión Europea son altamente tecnológicos y eficientes. Varios estudios sugieren que, incluso sin modificación genética, la soja podría cultivarse de forma más productiva en Europa utilizando menos fertilizantes y en menos terreno que en otros lugares. Sin embargo, la Unión se queda corta a la hora de explicar las compensaciones actuales entre las importaciones, la producción nacional y el consumo, y no despliega una estrategia clara para minimizar los impactos en el futuro.

Por desgracia, nada de todo esto se coordina con acciones de restauración ecológica ni las políticas de reforestación contemplan lo que ocurre a ambos lados de las fronteras nacionales e internacionales ni el reto demográfico, que conlleva el abandono del campo y transforma la agricultura y la ganadería, se integra en el sistema alimentario global. El ser humano sigue actuando como si sus actividades no influyeran ni se vieran afectadas por las demás. Y eso repercute en la salud planetaria.

CAPÍTULO 5

Cambio climático, la segunda gran ruptura metabólica global

Jugando con el equilibrio

¿Por qué tanto lío con el dióxido de carbono? Pues porque es el principal gas de efecto invernadero. Aunque su concentración en la atmósfera es pequeña (unas 400 partes por millón de un determinado volumen de aire), su capacidad para retener la radiación que escapa de la superficie del planeta tras ser calentada por el sol es muy importante. Pequeños cambios en su concentración en el aire generan grandes cambios en la temperatura de la atmósfera.

El dióxido de carbono y el oxígeno están estrechamente relacionados por el proceso universal de la fotosíntesis y su inverso, la respiración. Si la quinta parte del volumen de la atmósfera terrestre llegó a estar compuesta por O_2 fue gracias a la actividad de los organismos fotosintéticos durante millones de años a lo largo de la historia del planeta. Durante todo ese tiempo produjeron materia orgánica, captaron CO_2 y liberaron O_2, superando el proceso contrario (respiración, es decir, liberación de CO_2 y captación de O_2) que simultáneamente realizaban todos los organismos, fotosintéticos o no, de todos los ecosistemas terrestres y marinos. Por eso se acumuló materia orgánica, que daría lugar a las reservas de combustibles fósiles, y se acumuló oxígeno, que daría lugar a la atmósfera rica en este elemento tan importante ahora para la mayoría de las especies, incluida *Homo sapiens*.

El petróleo, el carbón y la materia orgánica acumulados en el suelo son, por tanto, el resultado de épocas en las que se ha devuelto menos CO_2 a la atmósfera del que se tomaba. Si hoy en día consumiéramos de golpe todos los combustibles fósiles almacenados, la mayor parte del O_2 desaparecería de la atmósfera, ya que lo usaríamos para oxidar (en este caso quemar) esos combustibles y liberaríamos inmensas cantidades de CO_2 a la atmósfera. Justo ese CO_2 que en su día fue dando lugar poco a poco a la materia orgánica que mantuvo ecosistemas vivos durante mucho tiempo y que más lentamente aún fue ingresando en el suelo y fosilizándose en forma de petróleo, gas o carbón.

UNA CUESTIÓN DE GASES

Hace miles de millones de años, en el planeta Tierra confluyeron las condiciones necesarias para el desarrollo de la vida. Entre los muchos factores que permitieron ese desarrollo, estaba la composición de la atmósfera terrestre. Actualmente, la actividad humana está variando esa composición, lo que provoca el aumento de la temperatura media mundial. Solo en la Tierra se da la combinación de gases que nos permite vivir. Cambiar esas proporciones de nitrógeno, oxígeno, argón, metano y dióxido de carbono, entre otros gases atmosféricos, algo que estamos haciendo ahora mismo a marchas forzadas, tiene consecuencias. Las estamos viviendo ahora mismo y se llaman cambio climático.

A lo largo de la historia de la Tierra las erupciones volcánicas o los asteroides que han impactado en el planeta traían consigo grandes emisiones de dióxido de carbono y otros gases de efecto invernadero que favorecieron las grandes extinciones de especies. Estos eventos afectaban al ciclo del carbono y a los niveles de CO_2 atmosférico, que en general se elevaban mucho. Así se ha documentado para las cinco extinciones ocurridas entre el Ordovícico y el Terciario, todas asociadas a grandes cambios en el ciclo del carbono. Ahora el ser humano enreda con el ciclo del carbono, pero también directamente con la flora y la fauna de la biosfera, provocando lo que conocemos como la sexta gran extinción. El resultado final neto de los impactos simultáneos de la actividad humana en la biosfera no solo es preocupante, sino desconocido y la capacidad de regulación natural de los ciclos biogeoquímicos alterados es más incierta aún. Es lo que pasa cuando cambiamos el funcionamiento de un metabolismo complejo.

¿Qué supone alterar el metabolismo planetario del carbono?

Con la agricultura, rompimos el metabolismo global del planeta. Metabolismo que volvimos a romper cuando no nos bastaba con más comida porque necesitábamos mucha más energía. Para obtener esa energía extra echamos mano de los combustibles fósiles, rompiendo el equilibrio entre la fijación de carbono por fotosíntesis y la emisión de carbono por quemar esos combustibles. Nosotros podemos decidir ahora dónde dejar el carbono, en el suelo o en la atmósfera. Y ya sabemos lo que pasa con el clima si lo dejamos en la atmósfera.

El carbono es el elemento clave de la vida. Es el pilar básico de la química orgánica y se encuentra en la Tierra en forma de cuerpo simple (carbón y diamantes), de compuestos inorgánicos (dióxido de carbono, CO_2, y carbonato cálcico, $CaCO_3$) y orgánicos (biomasa, petróleo y gas natural). Es el cuarto elemento más abundante en el universo después del hidrógeno, el helio y el oxígeno. Esta abundancia, sumada a la gran diversidad de compuestos orgánicos posibles a partir del carbono, así como su inusual capacidad para formar polímeros a las temperaturas habituales en la superficie terrestre, ha hecho que se convierta en el elemento común de toda la vida conocida. Por ejemplo, representa un 18% de la masa de nuestro organismo, solo superado por el oxígeno.

Como cualquier elemento químico, el carbono pasa por una serie de etapas en los ciclos terrestres de la materia y la energía. Procesos biogeoquímicos en los que participan los seres vivos, las rocas y las transformaciones químicas. Pues bien, el metabolismo basal de la biosfera se apoya no solo en el carbono, sino en un proceso universal y esencial, la fotosíntesis. Mediante esta última, la energía del sol se transforma en energía química, que es la que podemos usar los seres vivos, y esa energía química se almacena en compuestos orgánicos formados, entre otros, por carbono.

Gracias al sol y a la fotosíntesis se generan moléculas orgánicas de carbono como la glucosa, que, al estar reducidas, pueden oxidarse fácil y rápidamente en una atmósfera rica en oxígeno como la nuestra y desprender energía en el proceso. La oxidación de las moléculas orgánicas reducidas para producir esta energía, esa que necesitamos para el desempeño de todas las actividades propias de la vida, es lo que se conoce como respiración. Todos los organismos vivos respiramos, pero solo los organismos fotosintéticos realizan la fotosíntesis, que es el proceso inverso de la respiración u oxidación de las moléculas orgánicas. La fotosíntesis que realizan plantas, algas y cianobacterias toma del agua los electrones necesarios para poder reducir el dióxido de carbono que hay en la atmósfera gracias a la energía lumínica del sol. Como sabemos, en este proceso se libera oxígeno.

Esta es la esencia del metabolismo clave de la biosfera, el corazón del ciclo planetario del carbono. Un metabolismo que pasa por unas etapas más rápidas y otras más lentas, y que el ser humano ha alterado profundamente al modificar su ritmo. La cantidad total de carbono y de energía no varían, pero la acción humana altera la velocidad a la que se realizan ciertos pasos de este complejo ciclo. Con este cambio generamos profundas alteraciones que tiene importantes consecuencias climáticas. Pero ¿qué es lo que le hace el ser humano al ciclo del carbono?

¿Qué papel jugamos nosotros?

El ser humano no puede crear ni destruir materia o energía, solo transformarla. Esto no solo se ajusta a lo que dijera Lavoisier allá por el siglo XVIII, sino que lo establece el primer principio de la termodinámica. Lo que hace el ser humano, a una velocidad vertiginosa, es transformar los combustibles fósiles, donde el carbono permanecía retenido durante mucho tiempo, en gases de efecto invernadero (figuras 5 y 6). Esto libera muy rápidamente la energía que contienen unos depósitos de carbono que han tardado miles de años en convertirse en combustibles. El 80% de la energía que empleamos en la actualidad viene de hacer justo eso, así que la cantidad de gases de efecto invernadero que emitimos es colosal, unas cien veces mayor que la que emiten todas las erupciones volcánicas que se producen cada año juntas. Si lo ponemos en cifras, serían gigatoneladas de CO_2, o petagramos, que es lo mismo y equivalen a mil millones de toneladas. Pues bien, mientras las actividades humanas emiten algo menos de 40 gigatoneladas, todos los volcanes de la Tierra emiten unas 0,3 gigatoneladas al año. Aunque lo que realmente nos interesa es lo que se conoce como CO_2 equivalente, es decir, el equivalente a que todos los gases de efecto invernadero fueran CO_2. Y ahí las cifras totales suben a unas 60 gigatoneladas, valor que, lejos de disminuir, crece cada año haciendo el problema más y más apremiante (figura 6). Para no entrar en escenarios climáticos incontrolables, debemos no superar un calentamiento atmosférico de 2 °C y para ello tenemos que reducir mucho las emisiones anuales de CO_2 equivalente: no deberíamos sobrepasar las 25 gigatoneladas en total. Eso significa reducir las emisiones un 7,6% cada año durante la próxima década.

Repasemos brevemente el ciclo del carbono para entender mejor lo que hacemos los humanos. Cada año los organismos fotosintéticos en los ecosistemas terrestres y marinos fijan, en forma de materia orgánica, en torno a 800 000 millones de toneladas de carbono, es decir, 800 gigatoneladas. Es aproximadamente la cantidad que se libera anualmente a la atmósfera por la respiración de todos los seres vivos, más incendios, volcanes y fuentes naturales de CO_2. Lo comido por lo servido. Por su parte, las actividades del ser humano resultan anualmente en la emisión de esas casi 40 gigatoneladas, la mayoría de las cuales se van acumulando en la atmósfera en espera de que sean capturadas por los organismos fotosintéticos.

La tasa anual en la que el carbono es enterrado en el interior del planeta es muy lenta, y el carbono enterrado tarda, a su vez, mucho tiempo en convertirse en carbón, gas o petróleo. Al quemarlos para obtener energía ponemos muy rápidamente en la atmósfera ese carbono que tardó millones de años en irse acumulando en el subsuelo.

LAS CIFRAS NO ENGAÑAN

En numerosas ocasiones, quienes alertamos sobre la necesidad de reducir el consumo de combustibles fósiles porque, además de su nocivo efecto sobre el medioambiente, tarde o temprano desaparecerán, nos encontramos con cierta continuidad con esta respuesta: "Ya desde los años sesenta avisaban de que se iba a terminar el petróleo y se sigue extrayendo". Es cierto que las primeras previsiones estaban erradas, pero la ecuación es bastante sencilla. Los combustibles fósiles nos permiten acceder a gran cantidad de energía, pero para su formación se requieren procesos geológicos que tardan miles de años en culminar. Sin embargo, los gastamos a gran velocidad. Es fácil entender que si no es en 50 años será en 200, pero el desarrollo imparable que se asienta sobre estos productos tendrá que ralentizarse. De hecho, extraer petróleo es cada vez más complejo y caro.

Sabemos que la atmósfera de la Tierra ha contenido concentraciones mucho más altas de CO_2 que las que se registran en la actualidad, pero se alcanzaron tras cientos de miles de años de acumulación gradual. Sin embargo, las emisiones de carbono generadas por la quema de combustibles fósiles han elevado los niveles de CO_2 en dos tercios en menos de dos siglos. El carbono se acumula en la atmósfera esperando su turno para ingresar en la biosfera a través de la fotosíntesis y de ahí aún más lentamente al subsuelo para regenerar los almacenes de combustibles fósiles. El ciclo del carbono sigue en marcha, el problema es que solo aceleramos una parte provocando que se desequilibre.

Según algunos estudios, reducir emisiones podría no ser suficiente para mantenernos en los umbrales de seguridad climática establecidos en el Acuerdo de París de 2015. Según un estudio de modelización climática, habría que eliminar una parte del CO_2 que se ha acumulado en la atmósfera durante el último siglo y medio (Randers y Goluke, 2020). El modelo indica que, si todas las emisiones antropogénicas de gases de efecto invernadero se redujesen ahora a cero, las temperaturas mundiales seguirían siendo unos 3 °C más cálidas y el nivel del mar subiría unos 2,5 metros en el año 2500, en comparación con 1850. El estudio muestra que las temperaturas globales podrían seguir aumentando después de que se reduzcan las emisiones antropogénicas de gases de efecto invernadero, ya que el continuo derretimiento del hielo ártico y del permafrost que contiene carbono podría aumentar los niveles de vapor de agua, metano y dióxido de carbono en la atmósfera. El deshielo del Ártico y del permafrost también reduciría la superficie de hielo que refleja el calor y la luz del sol. Por ello, para evitar estas subidas de temperatura y del nivel del mar, habría que retirar de la atmósfera al menos 33 gigatoneladas de dióxido de carbono cada año mediante métodos de captura y almacenamiento. Es decir, reducir emisiones ya no es suficiente para mantenernos dentro de un clima razonablemente seguro tras tantas décadas de acumulación de CO_2 en la atmósfera por la quema de combustibles fósiles.

La importancia del metano

Hemos puesto tanto énfasis en el principal gas de efecto invernadero emitido por el ser humano, el CO_2, que se nos ha ido olvidando la importancia creciente del metano, un gas con mayor capacidad de retener la energía solar y cuyas concentraciones en la atmósfera también están aumentando, y mucho (figura 5). Se estima que el metano es responsable de al menos la tercera parte del calentamiento climático actual[13]. Y no son las únicas moléculas que liberadas en la atmósfera tienen ese efecto de retener el calor.

Aunque el tiempo de residencia del metano en la atmósfera es inferior al del CO_2 (12 años frente a más de 120), es mucho más efectivo atrapando la radiación solar, en concreto, 80 veces más potente que el CO_2. Las concentraciones atmosféricas de metano están aumentando más rápidamente que en cualquier otro momento de las dos últimas décadas y, desde 2014, se acercan a los escenarios de mayor intensidad entre los diferentes gases de efecto invernadero. Las fuentes de metano son biogénicas (humedales, lagos, agricultura, residuos/vertederos, fusión del permafrost), termogénicas (uso de combustibles fósiles y filtraciones naturales), pirogénicas (quema de biomasa y biocombustibles) o mixtas (hidratos de metano, geológicas). Si nos centramos en las emisiones directamente relacionadas con las actividades humanas, hay tres fuentes principales: 1) la agricultura, que representa el 40% de las emisiones (la mayoría proveniente del estiércol del ganado, la fermentación, y también del cultivo del arroz); 2) la extracción, procesamiento y distribución del petróleo, el gas y la minería del carbón, que representan algo más un tercio adicional, y 3) la gestión de los residuos, los vertederos y las aguas residuales, que suponen en torno a la quinta parte. Por regiones geográficas, los trópicos, dominados por las emisiones generadas en las zonas húmedas como pantanos, marismas, lagos, ríos y humedales, son los que más preocupan ya que las fuentes tropicales, tanto naturales como antropogénicas, representan dos tercios del total de las emisiones mundiales de metano.

---

13. Para ampliar información sobre el metano recomendamos leer la versión completa de este texto que contiene numerosos enlaces a otros artículos e informes (Valladares, 2021).

Figura 5

Evolución de la concentración atmosférica global de metano entre 1984 y 2016.

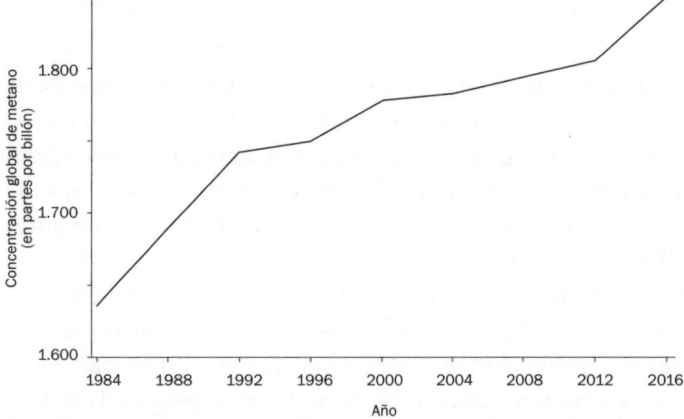

Fuente: Elaborado con datos de la Oficina Nacional de Administración Oceánica y Atmosférica de Estados Unidos (NOAA).

ARROZ Y METANO

Los arrozales son fuente de dos importantes gases de efecto invernadero, el metano y el óxido nitroso. El metano no lo producen las plantas de arroz, sino las condiciones de inundación en las que se cultivan. La lámina de agua impide la difusión del oxígeno del aire, con lo que las bacterias del suelo embarrado de los arrozales digieren la materia orgánica sin oxígeno, en condiciones anaerobias. Al hacerlo, se produce metano. Los arrozales emiten 34 millones de toneladas de metano al año, lo que supone el 2% de todos los gases de efecto invernadero. A esto hay que sumar el óxido nitroso, que se produce a partir de los fertilizantes que se emplean en el cultivo de arroz.

Hay muchos proyectos en marcha para reducir la producción de estos gases en los arrozales. Los primeros han explorado el efecto de las distintas alternativas de inundación, encontrando que inundaciones menos frecuentes y con láminas de agua menos profundas dan lugar a menos producción de ambos gases, sobre todo metano. Pero los estudios más prometedores tienen que ver con las propias bacterias del suelo de

los arrozales. Se han encontrado especies y formas genéticas de microorganismos que viven en los suelos húmedos o inundados de los arrozales
que reducen mucho las emisiones.

El hecho de que las emisiones de metano procedentes de las crecientes actividades agrícolas sean la causa dominante del aumento de este gas en la atmósfera apunta a la necesidad de equilibrar la seguridad alimentaria con la protección del medioambiente y la reducción drástica de la emisión de gases de efecto invernadero. Debido al alto potencial de calentamiento del metano y a su corta vida en la atmósfera en comparación con el CO_2, su mitigación ofrece la posibilidad de frenar el cambio climático de forma eficiente en un horizonte temporal corto. Además de los beneficios climáticos, la reducción de las emisiones de metano podría ayudar a mejorar la salud humana y la producción de cultivos reduciendo simultáneamente la producción de ozono. Recordemos que, en presencia de radiación solar, el metano favorece la formación del ozono a nivel del suelo, y el ozono en estas capas bajas de la atmósfera es un importante contaminante oxidativo, además de un potente gas de efecto invernadero.

Una reducción del 30% de las emisiones de metano en 20 años, un objetivo tan necesario como viable, evitaría 180 000 muertes prematuras y medio millón de complicaciones de salud vinculadas al asma y a otras dolencias respiratorias. Este compromiso, uno de los pocos logros de la Conferencia de las Naciones Unidas sobre el Cambio Climático (COP26) que se celebró en 2021 en Glasgow, también mejoraría el rendimiento de los cultivos en unos 26 millones de toneladas al año. Los rápidos beneficios climáticos, económicos, sanitarios y agrícolas de la mitigación del metano, complementarios a los de la mitigación del CO_2, justifican el esfuerzo para cuantificar y reducir las emisiones globales de este gas. Entre los ámbitos donde la acción puede ser más rápida y eficaz se encuentra la prevención de fugas de metano en las instalaciones de gas y petróleo.

Mantener el calentamiento global por debajo de los 1,5 °C respecto a la era preindustrial, tal como se ha planteado en el Acuerdo de París, es de por sí un objetivo difícil con la atención puesta en las emisiones de CO_2. Pero ese objetivo es directamente inalcanzable si no se aborda también con firmeza y rapidez la reducción de las emisiones de metano.

OTROS GASES DE EFECTO INVERNADERO

Los compuestos ligados al carbono como el dióxido de carbono (CO_2) y el metano (CH_4) son los gases de efecto invernadero en los que más influencia tienen las actividades humanas y por tanto con los que nos jugamos el futuro climático. Sin embargo, el gas con mayor efecto invernadero es el vapor de agua. De momento la incidencia humana en el calentamiento a través de alteraciones en el vapor de agua no está bien analizada y se considera que las fluctuaciones de este gas en la atmósfera, tanto en el tiempo como en el espacio, están principalmente reguladas por procesos naturales. No obstante, el calentamiento de la atmósfera aumenta la cantidad de vapor de agua que puede almacenar y, por ello, las precipitaciones producidas en atmósferas cada vez más calientes pueden ser más copiosas. Pero el ser humano no emite o captura de forma significativa y voluntaria el vapor de agua contenido en la atmósfera, sino que esta cantidad es resultado de diversos procesos y condiciones ambientales. Procesos que, en general, sí se ven afectados directamente por las actividades humanas.

Otros gases de efecto invernadero menos importantes pero cuyas concentraciones atmosféricas sí que están influidas por las actividades humanas son los compuestos fluorados (los HFC o hidrofluorocarbonos, que tienen, además, un impacto negativo en la capa de ozono), el óxido nitroso (N_2O), el dióxido de nitrógeno (NO_2) y el dióxido de azufre (SO_2).

Efectos del cambio climático:
salud y eventos climáticos extremos

El cambio climático afecta tantos ámbitos de nuestra vida cotidiana y tantas de nuestras actividades que sus impactos en nuestra salud son amplios y variados. Desde diarreas causadas por un suministro de agua de muy mala calidad durante unas sequías cada vez más intensas, hasta acentuar problemas respiratorios o cardiovasculares, pasando por la expansión de vectores tropicales de enfermedades infecciosas, a los que se suman todos los impactos derivados de las numerosas migraciones climáticas que suponen más de la mitad de todos los movimientos de poblaciones humanas en la actualidad. Se estima en medio millón el número de muertes anuales debidas directamente al cambio climático y en decenas de millones las muertes que, como las relacionadas con fallos en las cosechas o con los conflictos migratorios, causa cada año el cambio climático de forma indirecta.

Los impactos más llamativos en nuestra salud se deben a los fenómenos meteorológicos y climáticos extremos. Estos fenómenos, como las olas de calor, los ciclones y las inundaciones, son una expresión de la variabilidad climática incrementada. Aunque los efectos adversos de los eventos climáticos extremos sobre la salud han disminuido en las últimas décadas gracias a importantes y exitosos programas de adaptación. Sin embargo, la dinámica exponencial del cambio climático y el aumento de la población han hecho que el número de personas que viven en zona de riesgo climático aumente en las últimas décadas, lo cual va a alterar esta tendencia, que es tan solo una mejoría temporal mientras no se atajen las causas últimas del cambio climático y la atmósfera siga calentándose. A nivel mundial, la mayoría de las muertes directas relacionadas con el clima fueron causadas por tormentas (39%), sequías extremas (34%) e inundaciones (16%).

La gama de efectos sobre la salud de las altas temperaturas ambientales incluye el malestar, las enfermedades graves que requieren atención hospitalaria, la mortalidad y las interacciones y modificaciones de las pautas de trabajo, el ocio u otras actividades. Las personas que trabajan en condiciones de estrés térmico tienen cada vez más probabilidades de sufrir un golpe de calor fisiológico y ver incrementadas las enfermedades relacionadas con el aumento de la temperatura. De hecho, es una de las principales causas de muerte súbita entre los deportistas y cada año agudiza miles de otras enfermedades.

LA TEMPERATURA MEDIA ANUAL

Uno de los argumentos que más se repiten para negar la evidencia de que la temperatura mundial aumenta es citar eventos climáticos fríos en puntos concretos del planeta, como la ola de frío que en enero de 2021 dejó grandes cantidades de nieve en la mitad sur y en el este de España. Bien, cuando se habla de la temperatura media mundial se hace exactamente eso, una media a partir de las miles de mediciones ambientales que se toman alrededor de todo el orbe.

La frecuencia e intensidad de las sequías están creciendo con el aumento de las temperaturas globales y el cambio de los patrones de precipitación y se espera que estas tendencias y los riesgos asociados sigan intensificándose. A nivel internacional, en las dos últimas décadas, las sequías afectaron a más de mil millones de personas, generalmente por la reducción de la disponibilidad de agua para usos sociales, tanto en cantidad como en calidad, y por el aumento de las concentraciones de contaminantes. Además, las aguas estancadas y cálidas que resultan de la sequía producen las condiciones ideales para el crecimiento de patógenos. Las perturbaciones por las sequías pueden durar largos periodos con recuperaciones lentas con efectos retardados y acumulados en la salud, como por ejemplo a través de las pérdidas agrícolas y la degradación general del medioambiente. Al mismo tiempo, las fuertes lluvias repentinas durante las condiciones de sequía generan inundaciones peligrosas y destruyen el suelo.

En muchas partes del mundo se ha observado un aumento de la duración de la temporada de incendios forestales y de la superficie quemada. Aunque hay muchos factores que impulsan estos aumentos en superficie, número e intensidad (como la supresión histórica de los incendios forestales y el aumento de la intrusión humana en las zonas silvestres), los efectos del cambio climático, incluyendo la sequía, han contribuido a que sean más frecuentes, quemen mayor superficie y aumente la duración de la temporada. Aparte del impacto directo de las llamas, los incendios influyen negativamente en la salud mental y en el bienestar de las personas (Ebi *et al.*, 2021) y afectan a nuestro organismo a través del humo, que emite una gran variedad de sustancias químicas, desde partículas sólidas y líquidas en suspensión (PM) hasta gases como dióxido de carbono, monóxido de carbono, óxidos de nitrógeno y compuestos orgánicos volátiles. Muchas de estas sustancias químicas reaccionan para formar más PM y ozono a nivel del suelo. Conviene recordar la abundante evidencia sobre los impactos negativos de las partículas finas PM10 y PM2,5 en nuestra salud, comenzando por el asma y el aumento de las alergias y llegando hasta trastornos respiratorios y cardiovasculares muy graves.

Los sucesos climáticos extremos y las catástrofes pueden exacerbar o agravar los problemas de salud mental preexistentes y desencadenar otras dolencias de esta naturaleza de carácter agudo o crónico. Las implicaciones socioeconómicas de la destrucción de hogares, empresas y comunidades pueden, a su vez, aumentar la violencia doméstica o comunitaria. Los impactos en el bienestar mental incluyen la pérdida de la sensación de lugar, la angustia por el deterioro ambiental, denominada solastalgia, y la ansiedad y el dolor relacionados con un clima cambiante, a menudo denominados ansiedad climática o trauma climático, que forman parte del síndrome del dolor ecoclimático o ecoansiedad.

Los cambios a largo plazo en el equilibrio energético de la Tierra están aumentando la frecuencia e intensidad de muchos eventos extremos y la probabilidad de eventos compuestos. Aunque la mayoría de estos fenómenos no pueden evitarse por completo por su naturaleza azarosa, muchos de los riesgos para la salud podrían prevenirse mediante la creación de sistemas sanitarios resistentes. La realización de evaluaciones de vulnerabilidad y adaptación y la elaboración de planes de adaptación de los sistemas de salud pueden determinar cuáles son las medidas prioritarias para reducir eficazmente los riesgos. Asimismo, la gestión del riesgo de desastres y el diseño de una infraestructura y una logística sanitaria más resistente a los desastres climáticos ayudaría a mitigar los efectos de los eventos climáticos extremos.

Si recordamos el concepto One Health, y aplicamos el sentido común, podemos comprender que mucho de lo que aquí se describe es aplicable a la salud de animales y plantas, y resulta fácil deducir que todas esas saludes afectadas por el cambio climático tienen efectos ecológicos en cascada que amplifican a su vez sus impactos directos en nuestra salud en procesos difíciles de predecir.

Contaminación atmosférica: causa y consecuencia del cambio climático

Las personas nos concentramos en ciudades y como consecuencia de ello emitimos una gran cantidad de gases y partículas a la atmósfera en un espacio relativamente pequeño. Esto constituye una fuente importante de gases de efecto invernadero y por tanto las atmósferas urbanas contribuyen en gran medida al calentamiento global. Pero, además, estas partículas y gases se acumulan en los cielos de las ciudades con efectos perjudiciales directos sobre sus habitantes: la contaminación atmosférica provoca en todo el mundo más de siete millones de fallecimientos cada año. Los contaminantes gaseosos más comunes son el dióxido de carbono, el monóxido de carbono, los hidrocarburos, los óxidos de nitrógeno, los óxidos de azufre y el ozono. Estos gases se producen de distintas maneras, pero la principal fuente artificial es la quema de combustibles fósiles debida en su mayor parte al tráfico motorizado.

La contaminación atmosférica, clasificada como cancerígena para el ser humano, generó solo en la Unión Europea medio millón de muertes prematuras. Las concentraciones de PM2,5 (partículas con un diámetro aerodinámico inferior a 2,5 μm), dióxido de nitrógeno y ozono fueron responsables de unas 374 000, 68 000 y 14 000 muertes prematuras al año, respectivamente. Quizá sirva para contextualizar constatar que la contaminación del aire reduce la esperanza de vida de las personas a nivel mundial en una escala mayor que el sida, las enfermedades parasitarias, la violencia y el tabaquismo. Las pequeñas partículas PM2,5, es decir, el hollín, provocan alergias, acentúan enfermedades infecciosas respiratorias como la COVID-19 y recientemente se ha visto que también provocan cáncer.

El ozono (O_3) es una molécula que se forma cuando se disocian los átomos del oxígeno (O_2) y se unen a otro átomo de oxígeno. Además de ser un importante contaminante secundario (un contaminante que no se emite como tal sino que se produce a partir de otros compuestos y de contaminantes primarios), es un gas de efecto invernadero.

En el caso del ozono hay que distinguir el "bueno" del "malo". El primero es el que está en la estratosfera a más de 10 000 metros de altitud. Es bueno porque filtra la radiación ultravioleta más peligrosa para la vida en general y para la salud humana en particular, evita problemas de cáncer de piel y daños en los ojos. Este ozono estuvo (y aún está, pero ya menos) muy amenazado en la segunda mitad del siglo XX por la emisión humana de compuestos organoclorados y fluorocarbonados (HFC y CFC), emisiones que se redujeron significativamente tras la puesta en marcha del Protocolo de Montreal en 1987. Las exitosas medidas sirvieron para recuperar la capa de ozono estratosférico amenazada. Al prohibirlos no solo se protegió la capa de ozono y con ello nuestra salud, sino que se atenuó el calentamiento global.

Young *et al.* (2021) han estimado que la disminución de la radiación ultravioleta gracias a la recuperación del ozono estratosférico ha permitido a las plantas y a los ecosistemas evitar daños y poder almacenar carbono y compensar una parte de nuestras emisiones de gases de efecto invernadero. Sin el protocolo, la temperatura a final de siglo sería 2 °C más cálida.

La situación más peligrosa ahora es la que provoca el ozono malo, el que se produce en las capas bajas de la atmósfera, justo donde vivimos, en la troposfera. El ozono es muy irritante y genera problemas respiratorios y daños en mucosas y piel, pudiendo agravar además otros problemas de salud. Hay una parte de ese ozono dañino de las capas bajas de la atmósfera que resulta de las actividades humanas. A ese ozono se le suma uno que se genera *in situ* a partir de muchos precursores, es decir, de otras moléculas que el ser humano emite, sobre todo en ciudades, y que dan lugar a ese ozono de nueva generación producido por reacciones químicas impulsadas por la radiación solar.

Ese ozono malo es difícil de eliminar y, dado que los nuevos escenarios climáticos en muchas regiones traen consigo condiciones de alta radiación que favorecen la creación de más ozono, entramos en un círculo vicioso que tenemos que evitar: en muchas zonas áridas o secas, el cambio climático provoca que haya más radiación (más días secos y soleados, condiciones anticiclónicas que perduran muchos días seguidos), los precursores químicos que se generan con la contaminación atmosférica se transforman en ozono por efecto de esta radiación intensa y sostenida, más ozono genera más calentamiento y más condiciones climáticas que favorecen la creación de nuevo ozono, y así sucesivamente. Para evitarlo hay que mitigar el cambio climático y controlar la contaminación atmosférica. El caso del ozono es en realidad una de tantas situaciones en las que las condiciones atmosféricas influyen en la calidad del aire, que a su vez influye también en las condiciones meteorológicas y en el cambio climático en un proceso de retroalimentación infinito.

La proliferación de plásticos, otro efecto colateral de un petróleo barato

Además de quemarlo, que es lo que hacemos mayoritariamente con el petróleo para desgracia de las generaciones futuras, producimos a partir del petróleo distintos tipos de plásticos. Nos resulta tan cómodo y barato hacerlo, que los plásticos se han convertido hoy en día en una fuente grave de contaminación ambiental y en uno de los principales factores de riesgo global para la salud de las personas y de los ecosistemas. Los plásticos son ahora un nuevo sumidero de carbono, un paso artificial en el que se detiene el ciclo del carbono. Y como es habitual en lo que interviene el ser humano, la producción y consumo masivo de plástico está generando problemas mucho más graves que los que resuelve.

Estamos ganando conciencia de haber llenado la tierra y el mar de plásticos. La evidencia es aplastante e incontestable. Sabemos que hay plásticos no solo en grandes islas flotantes en medio del océano Atlántico o del Pacífico, sino hasta en las cumbres del Himalaya, en el desierto del Sahara, en la Antártida y en los fondos marinos abisales. También sabemos que hay plásticos en nuestros intestinos y en todas nuestras vísceras y órganos. Lejos de ser inertes, los plásticos de muy pequeño tamaño, los que resultan de la erosión y degradación de los plásticos de mayor tamaño, generan irritaciones e inflamaciones y son asiento de tumores cancerígenos.

Según el tamaño de la partícula de plástico, hay efectos físicos o químicos alterando procesos a escalas diferentes, desde el ecosistema a la célula. Los microplásticos en el suelo influyen en claves de la relación planta-suelo: inmovilizan importantes nutrientes que dejan de estar disponibles para las plantas, llegan a disminuir la producción primaria e incluso impactan en la composición y la dinámica de las comunidades vegetales. Los plásticos más finos (nanoplásticos) son tóxicos para las raíces y para los microorganismos del suelo y, por supuesto, cuando se encuentran en suspensión en la atmósfera y los inhalamos entran rápidamente en nuestro torrente sanguíneo para irse almacenando en muchos de nuestros tejidos y órganos con consecuencias poco deseables. Los nanoplásticos son tan o más pequeños que las bien estudiadas partículas PM2,5 y ya sabemos los problemas que estas generan en nuestra salud por el mero hecho de poderse infiltrar entre las células y acabar traspasando muchos tipos de membranas y barreras biológicas.

Los plásticos más pequeños afectan no solo a nuestra salud y a la de los ecosistemas, sino también al clima. Los microplásticos en el aire dispersan la luz solar, lo que implica un efecto de enfriamiento, pero si llegan a capas altas de la atmósfera provocan el efecto contrario. El efecto de enfriamiento o calentamiento depende del tamaño, la forma y la composición de las partículas de aerosol, así como de las condiciones atmosféricas. Los microplásticos tienen aún un impacto pequeño, pero su efecto es apreciable y está creciendo. De hecho, un estudio reciente demuestra que cantidades de 1 microplástico por metro cúbico a 10 km en la atmósfera tendrían un efecto significativo de calentamiento (Revell *et al.*, 2021).

Crónica de una crisis anunciada

Para entender dónde estamos y cómo hemos llegado hasta aquí con el efecto invernadero, el CO_2 y el cambio climático, es ilustrativo hacer un poco de historia. He aquí una breve lista de acontecimientos y momentos históricos que conviene tener presentes.

1859 John Tyndall propone que los cambios en la concentración de gases en la atmósfera producen un calentamiento global.

1896 Svante Arrhenius publica los primeros cálculos del calentamiento atmosférico por CO2 debido, sobre todo, a la quema de carbón.

1960 Keeling mide con precisión el CO2 atmosférico y detecta incrementos anuales.

1968 Se publican los primeros estudios que sugieren el colapso del casquete polar en el Ártico.

1970 Se celebra el primer día de la Tierra y las sequías que se producen en África, Ucrania e India provocando que se empiece a tomar en serio el cambio climático fuera del ámbito académico.

1975 Se identifica a los clorofluorocarbonos (CFC), al ozono y al metano como gases de efecto invernadero.

1977 Se alcanza el primer consenso científico sobre las causas y consecuencias del cambio climático

1980 Las compañías petroleras Exxon y Shell disponen de información científica sobre el cambio climático con estimaciones muy acertadas sobre el efecto de la quema de combustibles fósiles en la atmósfera, pero deciden ocultarlas como revelaron G. Supran, S. Rahmstorf y N. Oreskes en la revista Science (2023).

1988 La ONU organiza el primer Panel Intergubernamental del Cambio Climático (IPCC), que reúne a miles de científicos expertos en su mitigación.

1989 La industria petrolera inicia campañas para ocultar y minimizar los efectos de la quema de combustibles fósiles.

1995 El IPCC confirma el origen humano del cambio climático y se celebra en Berlín la primera Conferencia Oficial de las Partes (COP), una reunión internacional para negociar y acordar de manera conjunta el problema del cambio climático.

1997 Firma del Tratado de Kioto para limitar las emisiones de los países industrializados.

2005 Los efectos devastadores del huracán Katrina alertan sobre los impactos crecientes y destructivos del cambio climático.

2011 El accidente nuclear de Fukushima (Japón) acaba con el renacimiento de la energía nuclear. Se acuña el término carbono azul. Por primera vez se reconoce la importancia de los humedales, manglares y otros ecosistemas costeros como reservorios de carbono.

2015 Firma del Acuerdo de París en la COP21, que establece medidas para la reducción de emisiones de gases de efecto invernadero y acciones para mitigar y adaptarnos a los efectos del cambio climático.

2016 La electricidad de origen solar y eólica se vuelve económicamente competitiva.

2017 EE UU, bajo el mandato de Donald Trump, abandona el Acuerdo de París.

2020 Se produce la pandemia originada por el COVID-19.

2025 La desinformación en torno al cambio climático y las opciones políticas que niegan su existencia aumentan su poder en el mundo occidental.

Se tiene constancia precisa del problema climático desde 1970, pero poco se ha hecho durante más de cinco décadas. La figura 6 nos muestra una situación tan poco alentadora como insostenible.

Figura **6**

Evolución desde 1880 de la temperatura media anual de la atmósfera (izquierda) y de la concentración media en la atmósfera de CO$_2$ (derecha).

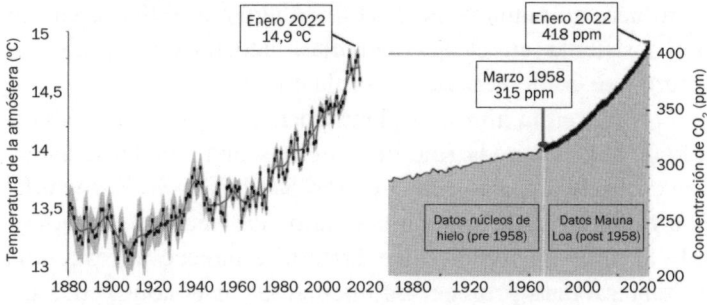

Fuente: Datos de la Oficina Nacional de Administración Oceánica y Atmosférica (NOAA).

Las medidas correctoras del cambio climático chocan con el Tratado de la Carta de la Energía

Actualmente, las olas de calor, los incendios devastadores y las sequías e inundaciones históricas se relacionan con el cambio climático y confirman la tendencia, cada vez más evidente, de que el clima ha entrado en una fase exponencial de cambios disparados por el calentamiento antropogénico. Se habla de puntos de inflexión, de umbrales tras los cuales el sistema climático se vuelve muy inestable y prácticamente irreversible. Se recuerdan una y otra vez las dos cifras que salieron del Acuerdo de París: 1,5 °C de calentamiento respecto a la era preindustrial que sería deseable no superar y 2 °C como línea roja que no deberíamos cruzar bajo ningún concepto. Para ello es preciso reducir las emisiones mundiales de cara a 2030 en un 50% respecto al año 2010 o, expresado en otras unidades, no emitir más de 25 gigatoneladas al año, la mitad de lo que estaremos emitiendo para entonces si no tomamos medidas ahora. Basándonos en criterios de justicia climática, las emisiones de los países del Norte global deberían reducirse bastante más.

Para recobrar un poco el equilibrio metabólico de la biosfera no hay más alternativa que reducir las emisiones de gases de efecto invernadero, y para hacerlo no basta con desarrollar energías renovables y seguir usando energía como si no hubiera un mañana. Necesitamos algo más difícil: crear un nuevo sistema en el que, además, debemos ponernos de acuerdo en cómo generar y usar la energía.

Hace treinta años, en plena guerra fría, se firmó el Tratado de la Carta de la Energía, que buscaba facilitar la inversión energética privada en la Unión Soviética y en Europa del Este y que, a día de hoy, sigue estando en vigor y se ha extendido al resto de países. Este Tratado establece un esquema multilateral para proteger y fomentar las inversiones en la industria de la energía y cubre la extracción, refinamiento, almacenamiento, producción, transporte, comercio, tránsito, inversión y venta de combustibles fósiles. Es decir, protege todas las fases del proceso. Esa protección tan completa es ahora, en un escenario de cambio climático, un tremendo problema. ¿Y por qué?

Se trata de un acuerdo internacional que establece un complejo equilibrio entre las expectativas legítimas de los inversores en cuanto a la estabilidad del marco jurídico y el derecho de los Estados a adaptar la normativa a la emergencia climática. Aunque lo dudamos, quizá tuvo sentido hace 30 años, pero hoy resulta evidente que no está a la altura de los tiempos que corren, especialmente en relación a la crisis climática y el Acuerdo de París.

Pese a continuar siendo legalmente vinculante, el Tratado se enfrenta a algo parecido a una crisis existencial a juzgar por las controversias de la Unión Europea en materia de inversiones, con casos muy politizados como el de la empresa sueca Vattenfall que se querelló contra Alemania, y los numerosos resultados contradictorios en arbitrajes como los presentados contra España, la República Checa e Italia[14]. El punto en común de estos casos es que los tres países adoptaron una ambiciosa legislación para promover las inversiones en el sector de las energías renovables que se vieron truncadas por las condiciones que explicita el Tratado.

Para cumplir con las condiciones de la Carta de la Energía, las legislaciones que impulsaban las energías renovables tuvieron que modificarse, revocando las ventajas al sector de las renovables debido al elevado importe de los presupuestos que estas leyes suponían para los Estados frente a las ayudas que se destinaban a las energías procedentes de combustibles fósiles. España se enfrenta al mayor número de reclamaciones ya que, en un primer momento, dio incentivos importantes para impulsar las inversiones en paneles solares y turbinas eólicas. En medio de una dura crisis financiera y cediendo a la presión de las grandes empresas, el Gobierno del momento (PP) revirtió las garantías de precios ventajosos para los productores de energía renovable, lo que algunos inversores interpretaron como una expropiación indirecta, por lo que iniciaron toda una serie de demandas millonarias que ha puesto en aprietos al Gobierno de España. Así pues, el Tratado de la Carta de la

---

14. Se pueden encontrar en internet abundantes artículos de prensa y reseñas sobre querellas y problemas suscitados por el Tratado de la Carta de la Energía y la colisión con los intentos de diversos Estados de mitigar el cambio climático cambiando regulaciones en el sector energético. Véase, por ejemplo, https://bit.ly/3vmfqoi.

Energía blinda, en la práctica, los intereses de la industria fósil, ya que protege las inversiones en combustibles fósiles, obstaculiza legislar a favor de la acción climática y del impulso de las energías renovables y, en definitiva, disuade a los gobiernos, con medidas que pueden ahogar la economía de países que se decidan a legislar ambientalmente en el campo de la energía.

En el momento actual, la gobernanza energética mundial está recibiendo una gran atención por parte de los académicos y de los responsables políticos. El debate se ha disparado ante la incapacidad actual de las instituciones para descarbonizar los sistemas energéticos. Es decir, los Estados no acaban de lanzarse a producir energía sin emitir carbono o emitiendo cada vez menos por miedo al Tratado. En medio de esta situación se baraja renovar y mantener la Carta de la Energía. Un acuerdo internacional del que, sorprendentemente, y a pesar de su larga historia, todavía no hay pruebas de que tenga un impacto positivo en los flujos de inversión en cualquier sector, incluido el de las energías fósiles. También resulta claro que existe un riesgo objetivo de que la industria de los combustibles fósiles utilice el Tratado para impedir una transición energética limpia.

Esta es la situación, por ejemplo, de la compañía canadiense de hidrocarburos Vermilion, que en 2017 amenazó con demandar a Francia por un proyecto de ley para prohibir la exploración y extracción de hidrocarburos en territorio francés a partir de 2040 y para restringir la renovación de los permisos existentes. Esta amenaza al Gobierno francés surtió efecto y se modificó la ley para que los permisos de explotación puedan ser renovados, lo que demuestra el poder de una demanda millonaria en un marco jurídico ambiguo. En el caso español, el Plan Nacional Integrado de Energía y Clima (PNIEC) 2021-2030 queda comprometido por el Tratado de la Carta de la Energía pues según su contenido, los Estados podrán seguir siendo demandados por legislar a favor de una transición energética justa. Resulta evidente que el Tratado hace que los gobiernos terminen rebajando los objetivos de las políticas climáticas y ambientales, llegando incluso a impedir que se implementen.

Los países deben abordar la adhesión al Tratado con precaución, cuando menos. Si la prioridad es el medioambiente, el Tratado no encaja. Si la prioridad es reducir el riesgo para los inversores en energías renovables conviene, sin duda, considerar otros mecanismos, ya que el cambio climático avanza y no entiende de tratados, ideologías ni políticas.

En mayo de 2024, la UE decidió retirarse del Tratado de la Carta de Energía debido que, pese haber iniciado negociaciones para ello, no se han modernizado sus términos para adaptarlo a los principios del acuerdo de París[15]. Esta decisión, que los estados miembros pueden adoptar o no, fue aprobada por España y entró en vigor en abril de 2025, por lo tanto, es pronto para desgranar los efectos de este cambio. En cualquier caso, los países deben abordar la adhesión al Tratado con precaución, cuando menos. Si la prioridad es el medio ambiente, el Tratado no encaja. Si la prioridad es reducir el riesgo para los inversores en energías renovables conviene, sin duda, considerar otros mecanismos, ya que el cambio climático avanza y no entiende de tratados, ideologías ni políticas.

---

15. Diario Oficial de la Unión Europea. Decisión (UE) 2024/1638 de 30 de mayo de 2024 relativa a la retirada de la Unión del Tratado de sobre la Carta de Energía.

CAPÍTULO 6

La conservación y la restauración de la naturaleza

Los paisajes que nos vieron nacer

Gracias al esfuerzo de los paleobotánicos, especialmente los expertos en entender el polen (los palinólogos), que han sido capaces de reconstruir cómo era la cubierta vegetal de extensos territorios hace más de 200 000 años, nos podemos hacer una idea de cómo eran aquellos ecosistemas en los que se desenvolvían los cazadores recolectores. Los pólenes acumulados en el fondo de turberas o lagunas durante largos periodos nos informan de aquellos paisajes, dibujando lo que parece que era una combinación de bosques que formaban mosaicos con extensiones esteparias casi sin árboles y dominadas por gramíneas. Esa debió de ser la norma durante largos periodos de tiempo, al menos en la península ibérica. La afirmación de que en la época romana una ardilla podía recorrer Hispania saltando de árbol en árbol es un mito y no una realidad histórica. Estos mosaicos de bosques alternando con sabanas, que tenían árboles dispersos, y con pastizales eran el producto de la acción combinada de grandes herbívoros y de sus depredadores que los empujaban a utilizar de forma dispar los distintos hábitats, así como del fuego, una perturbación natural capaz de moldear evolutivamente muchas especies del entorno mediterráneo. De hecho, las respuestas de muchas de nuestras plantas, como la de rebrotar tras los incendios, la de requerir temperaturas muy altas para liberar las semillas —serotinia— o que muchos de los productos generados en los incendios sean necesarios para romper el letargo de algunas semillas, hablan de una conexión adaptativa muy intensa con el fuego en nuestras latitudes. En los ecosistemas mediterráneos los espacios vacíos que deja el fuego son una oportunidad de reclutamiento y rejuvenecimiento para muchas plantas.

Cosmovisión

Cada vez tenemos más claro que la crisis de la biodiversidad resulta principalmente de la sobreexplotación y la transformación de los paisajes culturales y no tanto de la entrada reciente del ser humano en ecosistemas originales o prístinos. En primer lugar, porque ecosistemas prístinos hace mucho tiempo que apenas hay y, en segundo lugar, porque los paisajes culturales son ya tan antiguos que numerosas formas de vida han surgido y se mantienen en el seno de esos paisajes culturales, de esos sistemas en los que el ser humano juega ya un papel ancestral. Describir el uso humano de la naturaleza como una perturbación reciente y negativa de un mundo natural libre de seres humanos es simplemente incorrecto, ya que ignora el largo pasado de intervención humana que cuenta con más de 12 000 años de historia. Una intervención que ha generado altos niveles de biodiversidad y que ha favorecido procesos propios de estabilización de esa biodiversidad.

Aferrarse a la idea de que la entrada reciente del ser humano en ecosistemas bien conservados es la causa de la crisis de la biodiversidad es en el fondo un impedimento serio para lograr la recuperación y conservación de esos ecosistemas. Sabemos que las áreas bajo gestión indígena están entre las más biodiversas del planeta, mucho más que las gobernadas por economías de mercado de alta intensidad. Potenciar que sean los pueblos indígenas y las comunidades locales las que realicen la gestión medioambiental de base es, por tanto, fundamental para conservar la biodiversidad en todo el planeta.

Estos paisajes culturales ancestrales se apoyan en una visión del universo, en una cosmovisión muy diferente a la que predomina en la civilización contemporánea, dominada por la visión mercantilista que impone el sistema capitalista. Estas formas de interpretar el mundo, basadas en un estrecho contacto y convivencia con la naturaleza, surgieron simultáneamente en lugares muy remotos del planeta y se desarrollaron en culturas alejadas y sin contacto entre sí, como la de los indígenas australianos o las comunidades amazónicas. En muchas de ellas, los animales y plantas no son tratados como objetos, como en la sociedad occidental actual, sino que son sujetos que no están, por tanto, a nuestro servicio. Estas visiones que contemplan al ser humano como una especie más y que se basan en la noción de coexistencia e incluso convivencia guardan más conexión con lo que desde la ciencia de la ecología sabemos sobre los ecosistemas que la visión dominante de que los únicos sujetos en la biosfera son los que pertenecen a la especie *Homo sapiens*, y todo lo demás, árboles, ciervos, hormigas o montañas son meros objetos.

La crisis actual solo puede entenderse teniendo en cuenta el alejamiento inexorable del ser humano moderno de la naturaleza y la visión predominante de que lo único que cuenta es cómo nos va a nosotros, como si eso no dependiera indisolublemente de cómo les va a los demás compañeros de ecosistema y planeta. En realidad, programas de salud planetaria como One Health son formas recientes de rescatar aspectos que ya estaban presentes en muchas cosmovisiones antiguas.

El embrión de la conservación

Los paisajes que nos rodean son lo que denominamos *paisajes históricos* y, aunque beben de los escenarios primigenios y de los reservorios biológicos que atesoraban, son radicalmente diferentes a los paisajes ancestrales y realmente originarios.

Es importante tener claro esta diferencia, sobre todo en el marco de algunas propuestas que utilizan la noción de ecosistemas originales como objetivos de conservación o incluso como referentes para la restauración.

Los referentes para conservar y recuperar la naturaleza deben ser los paisajes históricos en los cuales el ser humano ha intervenido de forma más o menos radical a lo largo de los últimos milenios. Estamos de acuerdo con que la visión centrada en el ser humano que plantea nuestro marco cultural es parte de los problemas a los que nos enfrentamos, pero también que una visión excluyente en la que el ser humano como entidad biológica no está en los ecosistemas es también una reducción que nos lleva casi al absurdo.

La propuesta de 1992 de la Unión Europea en su Directiva Hábitats es clara y habla de conservar todos estos ecosistemas heredados e históricos. La encomienda, aceptada por todos los países miembros de la Unión, es conservar (en la acepción de hacer que persista) la superficie de los hábitats presentes en sus territorios y, en su caso, mejorar el estado de conservación de los mismos mediante una gestión activa cuando sea necesario. No es una tarea sencilla dado que buena parte de estos hábitats que hay que conservar son muy dinámicos, cambian y se modifican muy rápidamente y todos ellos tienen una señal antrópica más o menos intensa. Por ejemplo, la sucesión natural, que alude a la sustitución de las especies que integran un ecosistema por otras como producto de su propia dinámica interna, y que genera una evolución de la estructura y propiedades del ecosistema durante esta sustitución, alejará irremediablemente los hábitats futuros de lo que son en la actualidad, y de lo que fueron en el pasado, a menos que sean gestionados para mantenerse. Por ejemplo, un área de matorral dominado por *Genista*[16] (piornos, retamas y otras leguminosas arbustivas de tipo escoba) se puede

---

16. Género de arbustos que incluye alrededor de 90 especies adaptadas a la sequía con tallos densos y verdes y hojas muy pequeñas. La mayoría tiene flores blancas o amarillas, pero también las hay de color anaranjado, rosado, rojo o púrpura.

transformar en un bosque si no se hace nada, lo cual implica una pérdida de superficie de un tipo de hábitat, el matorral de *Genista*, que estaba en el listado de la directiva europea para ser conservado de forma prioritaria. ¿Debemos interrumpir activamente los procesos naturales de sucesión para conservar paisajes? ¿No son algunos de estos paisajes que hay que conservar el resultado precisamente de perturbaciones como el fuego o la elevada presión ganadera? Tenemos aquí una curiosa paradoja que pone en cuestión la visión estática de los ecosistemas que hemos aceptado colectivamente y consolidado a través de la Directiva de Hábitats y de la construcción de la Red Natura 2000, como eje de conservación en Europa.

Conscientes desde antiguo de esa conexión entre actividad antrópica y degradación del entorno, así como de la destrucción de hábitats y el bienestar de las personas, comenzó a desarrollarse hace mucho tiempo lo que podríamos llamar *embrión de la conservación*. La idea era conservar aquella biodiversidad que resultaba imprescindible para la gente. Todo lo que podíamos denominar recurso natural, como la madera, los pastos seminaturales, los montes bajos para producción de carbón vegetal y leña, la resina de los pinares o los frutos de árboles como los castaños. Es el principio de profesiones que resultaron muy importantes en la historia de nuestras culturas, como los ingenieros forestales o los agrónomos. El desarrollo de toda una serie de herramientas y metodologías junto con la implantación de regímenes jurídicos que garantizaban la persistencia temporal de esos recursos fueron las dos vías que se desarrollaron en paralelo para abordar la necesidad de consumir, pero sin agotar y destruir. La idea era mantener el recurso procedente de la diversidad para las siguientes generaciones.

En este contexto, la restauración, especialmente la forestal, comenzó su andadura. Lo hizo como una herramienta de forestación y de recuperación del bosque para mantener el recurso maderero más que como una herramienta de mantenimiento de la diversidad biológica. Es también en ese contexto de conservación agronómico-forestal donde se empieza a ser consciente de que alguno de los servicios básicos que ofrecen los ecosistemas, como puede ser el mantenimiento de los suelos y su fertilidad o del agua y su calidad, necesitaba de la existencia de coberturas forestales. Las repoblaciones con fines de restauración hidrológico-forestal y conservación de suelos se generalizan también en nuestro país, incluso antes de que la Conferencia de Naciones Unidas sobre desertificación que se llevó a cabo en Nairobi en 1977 y que se desarrollaría posteriormente en la Convención de las Naciones Unidas de Lucha contra la Desertificación de 1994 pusiera esta realidad urgente sobre la mesa. La conservación de suelos se había colocado como el motor de arranque de una forestación masiva que no era especialmente sensible con la biodiversidad y que se movía bajo el motor de *learning by doing*, es decir, de aprender a medida que ponemos en marcha las medidas.

La biología de la conservación

Aunque fueron pasos críticos, el fuerte deterioro de la salud del planeta a lo largo de los últimos cien años y el reconocimiento de que la crisis ambiental en la que estamos metidos condiciona nuestro bienestar a escala global exigían dar un paso hacia adelante. Que emergiera la biología de la conservación en la década de los ochenta del siglo pasado como respuesta a la crisis de la biodiversidad supuso un primer paso imprescindible. La biología de la conservación se centra, fundamentalmente, en la reversión de la rareza, en términos de número de poblaciones, de su tamaño, de su rango de distribución, así como del aislamiento filogenético o evolutivo. En ese contexto, lo crítico es desarrollar herramientas para que lo raro no desaparezca.

Comienzan a evaluarse listas completas de flora y fauna a escalas regionales y globales mediante la elaboración de libros rojos y se detectan todas las situaciones en peligro más o menos crítico. El primer libro rojo de flora amenazada de nuestro país, fruto del trabajo del profesor Gómez Campo, uno de los pioneros de la conservación de plantas, se remonta a 1987 (Gómez Campo *et al.*, 1987). Esa idea embrionaria para saber cuáles son las especies más raras se completa poco después con la detección de aquellas especies o poblaciones que sufren un declive demográfico. La rareza y el declive son los motores que ponen el engranaje de la gestión para la conservación en marcha. En ese marco de urgencia, la idea es que esta nueva ciencia provea de técnicas, datos y herramientas que ayuden a construir programas para que las especies y poblaciones (son los niveles de organización en los que se trabaja, al menos inicialmente) puedan salir de las listas rojas. La salida es la meta y la gestión adaptativa a falta de información es el camino. Nunca los gestores del territorio y de la biodiversidad y los científicos han estado más cerca.

Los esfuerzos tecnológicos son espectaculares: programas de cría en cautividad; desarrollo de herramientas de modelización para evaluar informáticamente las actuaciones que hay que desarrollar; implementación de herramientas genómicas para determinar los niveles de diversidad genética como estimadores de la plasticidad evolutiva o de la aparición de problemas de los perniciosos problemas asociados a la endogamia; gestión del hábitat para aumentar sus capacidades de carga y reproductiva. Todo un elenco de propuestas que rápidamente se demuestran eficaces. Los éxitos de esta aproximación en el marco de nuestro entorno peninsular son evidentes pero nada baratas. El lince ibérico, aunque sigue estando amenazado, ha dejado de estar en peligro crítico de extinción, pues los censos en la Península han pasado, en dos décadas, de 100 a algo más de 2000 ejemplares. El águila imperial ibérica ve cómo sus poblaciones aumentan y su presencia en nuestros cielos deja de ser una rareza absoluta. El oso cantábrico es incluso capaz de mantener una incipiente industria ecoturística en el occidente asturiano y el quebrantahuesos comienza a volar en zonas donde no se veía desde hacía muchas décadas. Desafortunadamente, también hay algunos fracasos, como el del bucardo, la cabra montés de los Pirineos que, pese al gran esfuerzo de conservación y a una elevada inversión económica, se extinguió definitivamente a principios del año 2000 cuando apareció muerta la última hembra de la especie en una repisa del Parque Nacional de Ordesa.

El trabajo de los biólogos de la conservación se ha centrado en grandes animales o al menos en especies carismáticas con las que la ciudadanía es muy empática y para las que no resulta complicado aplicar medidas complejas, dado que el apoyo social es generalizado y las elevadas inversiones son muy bien recibidas. Al político correspondiente no le resulta difícil asignar recursos de financiación a esta misión. El axioma de funcionamiento es simple: trabajemos con lo más simbólico porque este esfuerzo permeará y se filtrará a todo el ecosistema como si fuera un paraguas protector. No hay una visión ecosistémica ni se evalúan los paisajes desde una perspectiva funcional, salvo si estos pueden ser necesarios para garantizar la conservación de las especies emblemáticas seleccionadas.

LA RELEVANCIA DEL APOYO SOCIAL

Cualquier proyecto de protección ambiental requiere de fondos para ponerlo en marcha y para sostenerlo el tiempo necesario. Ejemplos como el apoyo incondicional que tienen los programas de ayuda para el lince ibérico nos deberían hacer reflexionar. Cuando la sociedad muestra su apoyo, se puede invertir dinero en mejorar el medioambiente. Igual que nos volcamos en salvar al lince, deberíamos priorizar la toma de medidas drásticas para frenar la quema de combustibles fósiles o reducir el uso de plásticos hasta conseguir que quienes realizan las políticas y quienes lideran las empresas inviertan en la protección y cuidado del medioambiente de manera proporcional a la importancia que tiene para la ciudadanía.

Aunque los aciertos han sido numerosos y muchas especies han mejorado su estado de conservación, no podemos dejar de señalar que la falta de conocimiento también ha generado algunas dificultades que todavía arrastramos y para las que no resulta fácil encontrar soluciones. Un caso paradigmático en ese sentido es la disrupción demográfica de las poblaciones de cabra montés introducidas en la sierra de Guadarrama. Esta especie se reintrodujo a principios de los noventa del siglo pasado. De los 67 ejemplares de 1992 se pasó a más de 1500 en 2007 y más de 5000 en la actualidad, lo que supera con creces la capacidad de carga del Parque Nacional de Guadarrama y genera un problema de gestión de buena parte de los hábitats de montaña y de uso público. En este momento, la especie supone un grave problema para la conservación de los hábitats de alta montaña en Guadarrama, agravando la situación ya crítica de muchas especies vegetales que están amenazadas como consecuencia del calentamiento, la matorralización de los pastos de altura y el uso público disparado en algunas cumbres del Sistema Central. Además, y no es algo trivial, las cabras viven cada vez peor en estas montañas: las altas densidades de unas cabras sin regulación demográfica generan, por ejemplo, enfermedades infecciosas, como la sarna, que afectan seriamente a su salud y también a la de las especies domésticas. ¿Qué hacer? Y no es una pregunta retórica. La implementación de medidas de gestión cinegética como herramientas de reversión de estas disfunciones no es fácil de poner en marcha en un contexto en el que muchas personas no aceptan como una solución ética matar cabras y menos en un parque nacional. La captura y traslocación generalizada como proponen algunos es una medida muy cara y poco sostenible en la práctica. Este es uno más de los complejos debates que se abren en ecosistemas intervenidos y afectados por el ser humano en los que se quieren implementar medidas de conservación.

La nueva ética

No podemos dejar de señalar que el futuro próximo de la biología de la conservación se enfrentará a una visión ética emergente, relativamente nueva, en la que buena parte de la ciudadanía considerará inadmisibles medidas de gestión que impliquen, por ejemplo, la muerte de animales. Esto que se manifiesta en acciones reivindicativas y cuyos postulados cada vez tienen más eco en muchos partidos políticos y en medios de comunicación abre escenarios de conservación de especies y poblaciones muy complicados. Por ejemplo, la conservación de la avifauna de algunos humedales requiere la "eliminación" de especies invasoras, algunas tan "adorables" como mapaches o visones americanos capaces de eliminar poblaciones enteras de aves o anfibios. Aunque la muerte está protocolizada para minimizar el sufrimiento de los animales en este contexto de gestión para la conservación, no son pocos los ciudadanos que exigen que se paren estas acciones. Las consecuencias son bien conocidas y las evidencias acumuladas por la inacción son numerosas y siempre dirigidas al declive o extinción local de muchas especies raras o amenazadas.

UNA SENSIBILIDAD BIEN INFORMADA

Cada vez es mayor la sensibilidad de la sociedad hacia los animales, pero ¿hasta qué punto es una sensibilidad informada? Es duro tener que tomar decisiones para eliminar especies invasoras como las cotorras argentinas, los galápagos de Florida o los mapaches. Sin embargo, quienes abogan por su protección, por dejar que las poblaciones de estas cotorras, galápagos o mapaches crezcan ¿son conscientes de las consecuencias que tiene no regularlas? ¿No hay empatía para los cientos de especies como gorriones, ranas, truchas o petirrojos (eso sin hablar de las plantas) que son desplazadas por esas especies? ¿O es simplemente desconocimiento de los efectos que tienen las especies favorecidas sobre la fauna y la flora autóctona? Estos debates omiten quién intervino para que los adorables mapaches y visones aterrizaran en los ecosistemas que acaban alterando, y se acaloran cuando se contempla regular las poblaciones de los no menos adorables ciervos o cabras monteses que impiden la regeneración de las comunidades vegetales. Nuestro sesgo hacia ciertas especies canaliza la sensibilidad hacia el desequilibrio ecológico, y deja de lado un equilibrio imprescindible que hay que buscar en todos los ecosistemas incluyendo los urbanos.

La erradicación de gatos o de cabras cimarronas en determinados contextos insulares donde compiten con especies de fauna y flora endémicas, con un área de distribución muy pequeña y situadas al borde de la extinción, son ejemplos bien conocidos que emergen como champiñones cada cierto tiempo en la prensa generalista. ¿Es consciente la ciudadanía de que la proliferación de determinadas especies invasoras puede llevar a la extinción de un buen elenco de especies silvestres? Esta intersección entre la acción para la conservación y un marco ético nuevo y emergente va a condicionar las respuestas que demos a la emergencia global a la que nos enfrentamos en materia de salud y estado del medioambiente. Es más, la consolidación de una nueva ética biocéntrica, y no tanto antropocéntrica como la que nuestras culturas occidentales han desarrollado, podría modificar toda la gestión para la conservación en un futuro próximo. Quizá haya que gestionar ecosistemas nuevos y diferentes a los que conocíamos en los que ensamblajes de especies nuevas (especies invasoras), visitantes (especies desplazadas por el calentamiento) y supervivientes (los que han podido persistir localmente pese a todo), sean la norma.

Llega la restauración ecológica

La conciencia de que conseguir que algunas especies simbólicas no desaparezcan es insuficiente en esta guerra frente a la extinción hace que la restauración ecológica se reorganice y se replantee como una vía científica para recuperar ecosistemas completos y funcionales. La idea es que la diversidad biológica es un componente básico del ecosistema, pero que la funcionalidad ecológica es la clave para entender los servicios que aportan los ecosistemas a la sociedad. Estamos hablando de la capacidad de los ecosistemas de reciclar nutrientes y de controlar ciclos biogeoquímicos globales o de regular el agua. Funciones ecológicas que conectan de manera directa con una serie de servicios esenciales para mantener nuestro bienestar con el estado de conservación de los hábitats que hay en nuestro entorno. Entre estos servicios que suministran los ecosistemas sanos podemos destacar la fertilidad de los suelos, la provisión de agua y de recursos como la madera, la limpieza del aire o la caza recreativa o de subsistencia o, incluso, bienes inmateriales ligados a la biofilia, es decir, el encontrarnos bien cuando nos movemos en escenarios diversos biológicamente.

La restauración ecológica es un paso más allá de la reforestación que ya se venía haciendo en ese marco de la gestión del recurso forestal y de la conservación de suelos. Aquí, la recuperación de algunos recursos naturales no es el único objetivo, sino que se trata de restaurar o acelerar las dinámicas secundarias necesarias para que los ecosistemas sean plenamente funcionales lo antes posible. Eso implica no solo plantar árboles, que también, sino aumentar la biodiversidad y todas las funciones propias de cada ecosistema. La tarea no es sencilla, especialmente a grandes escalas espaciales. El esfuerzo científico está siendo enorme y la urgencia sanitaria a nivel planetario exige que se hagan cosas, aunque a veces no dispongamos de toda la información científica y técnica para planear con exactitud cómo hacerlo. Así, proyectos de forestación masiva a escala regional no pueden esperar y el reto de reforestar amplias regiones de China o del Sahel vale la pena. De nuevo, la urgencia nos pide hacer, en este caso restaurar, mientras aprendemos cómo hacerlo de forma eficaz (figura 7).

DOS ECOSISTEMAS INTERCONECTADOS QUE HAY QUE CONSERVAR

Además del complejo entramado que forman las especies animales y vegetales que nos rodean, cada uno de nosotros albergamos un ecosistema no menos complejo en nuestro interior, ese que hace posible, entre otros procesos, la digestión de los alimentos. Dentro de cada ser humano habita un vasto universo de bacterias, virus y microorganismos que forman la flora (o de modo más correcto microbiota) intestinal. Trastornos como úlceras, colitis crónicas o dolor abdominal se producen porque dañamos ese ecosistema que es además único de cada persona. La salud del ecosistema externo, en el que vivimos, y del interno, el que habita en nuestro interior, dependen de factores ambientales y genéticos, sí, pero también de cómo nos comportemos con ellos, es decir, de cómo los cuidemos. Cuando abusamos de antibióticos, fumamos o no incluimos en nuestra dieta un aporte significativo de frutas, verduras y legumbres es muy posible que terminemos con trastornos gástricos que, en función de su gravedad, pueden llegar a causarnos la muerte. Sería igual que si nos dedicáramos a llenar de plásticos y aguas sin depurar cargadas de contaminantes los ríos y mares, o si nos dejáramos basura nuclear por ahí enterrada en ese ecosistema que nos rodea, ¿os suena?

Pero la restauración de la que hablamos no se limita a reforestar. La acción lanzada por la Unión Europea en su nueva estrategia europea de biodiversidad, que propone plantar al menos 3000 millones de árboles, necesita una justificación y unas líneas de actuación bastante más elaboradas. Restaurar ecosistemas exige mucho más. Saber cómo restaurar un pastizal natural o seminatural no tiene mucho que ver con la tradición de plantar árboles en su infancia, árboles de apenas un año de edad. Los matorrales de alta montaña no tienen árboles y en muchas zonas su degradación es insoportable. Los hábitats abiertos de zonas áridas y semiáridas necesitan herramientas para recuperar las costras biológicas que ocupan lo que percibimos como zonas desnudas y que están en realidad recubiertas por líquenes, cianofíceas y hongos de las que depende buena parte del funcionamiento de todo el ecosistema. La restauración de los microbiomas del suelo es crítica y la recuperación de las interacciones bióticas del ecosistema es algo que raramente se ha contemplado y que pueden resultar clave en la recuperación y expansión de algunos bosques.

Un buen ejemplo de interacciones clave, que una vez recuperadas favorecen por sí mismas la regeneración y mantenimiento de un ecosistema, es la dispersión de frutos y semillas de enebros y sabinas por zorzales y pequeños carnívoros, como garduñas y zorros. Ayudando a que esta interacción tenga lugar, los enebrales y los sabinares se expanden y se renuevan por sí mismos.

LA CAZA COMO SUSTITUTA MUY DESMEJORADA DE LOS PREDADORES

Es habitual que la caza se dirija de manera que pueda regular los excesos de poblaciones de jabalís, corzos, ciervos y otros herbívoros en nuestro contexto peninsular. La caza es una actividad deportiva que genera ingresos muy importantes en algunas zonas rurales y los cazadores son los primeros interesados en contar con ecosistemas funcionales.

Lo que no se tiene en cuenta es que muchas veces el ser humano intenta dar caza a los ejemplares más fuertes, los más vistosos, los trofeos, dejando de lado a los que puedan parecer enfermos. Los depredadores reales de esas especies dan captura precisamente a esas piezas porque son más fáciles de alcanzar. Esta manera de actuar hace que el depredador no solo regule la población, sino que elimine precisamente a los ejemplares enfermos reduciendo también el riesgo de contagio y expansión de las enfermedades infecciosas.

Por su parte, la ecología del miedo ha demostrado con claridad que el principal efecto sobre los herbívoros que realizan los predadores, desde tiburones sobre tortugas marinas hasta lobos sobre ciervos y jabalíes, es precisamente a través de cambios en la conducta de sus presas. Estos cambios de conducta inducidos por el miedo al predador regulan muy finamente todo el ecosistema, ya que modifican la cantidad y el tipo de vegetación que frecuentan (y que comen) los herbívoros, de forma que a través del miedo los predadores, con su mera presencia más que con sus ataques y capturas, acaban regulando no solo la estructura de los ecosistemas, sino su productividad y dinámica. Y esto sí que es algo que ningún cazador humano puede hacer.

Recientemente hemos tenido oportunidad de aprender cómo afectan las dinámicas de los grandes herbívoros y sus depredadores en el control de la vegetación y de los paisajes. Gracias a un experimento simplemente espectacular de manejo natural en un extenso territorio hemos sido testigos del cambio radical que se ha producido en el Parque Nacional de Yellowstone (Estados Unidos). La reintroducción del lobo, que llevaba más de cien años extinto en este territorio, modificó en muy poco tiempo, como era de esperar, la demografía de las especies de las que se alimenta, especialmente la de dos cérvidos de diferente tamaño. Lo sorprendente es que también modificó sus hábitos de forrajeo y alimentación. Presionados por el miedo al depredador, los herbívoros ya no se movían libremente por todo el territorio comiendo donde les parecía oportuno en función de la abundancia de las plantas y, sobre todo, de su palatabilidad, es decir, lo que más les gustaba, sino que comenzaron a dejar de visitar los sitios más expuestos y abiertos. El riesgo de ser cazado allí era demasiado alto. Como consecuencia de esos cambios en sus hábitos alimentarios, se abrieron oportunidades para que las especies de plantas y árboles más forestales pudieran desarrollarse mejor sin la presión de estas dos especies de ungulados.

Especialmente llamativo fue el caso de algunos árboles ligados a los cauces de los ríos, como los sauces, que prosperaron con tasas de crecimiento de sus poblaciones impensables hasta entonces. Las semillas de estos árboles son capaces de desplazarse a grandes distancias transportadas por el viento, dado que son muy ligeras y están cubiertas de pelos que facilitan su viaje. Con el lobo extinto, buena parte de las riberas del parque nacional aparecían completamente peladas y deforestadas como consecuencia de una presión desmedida de los herbívoros. Gracias a la presencia del depredador, los árboles encontraron una oportunidad para aumentar sus poblaciones.

En muy poco tiempo el patrón de hábitats y paisajes se modificó radicalmente, coexistiendo espacios forestados y reforestados de forma natural con zonas más seguras dominadas por gramíneas y otras especies de pastos donde los herbívoros prefieren ahora pastar. Los paisajes del nuevo Yellowstone poco tienen que ver con los de hace solo 40 años. Los cambios son posibles. Llama la atención que el efecto fue muy significativo y rápido pese a que los tamaños poblacionales de los lobos nunca fueron muy elevados y por tanto el número de presas fue siempre modesto. Es lo que se conoce como ecología del miedo. Miedo al predador, quien con su mera presencia cambia comportamientos que desencadenan procesos ecológicos en cascada.

FIGURA 7

La restauración de ecosistemas funciona tanto en la tierra como en los océanos. Bajo estas líneas se pueden ver la restauración de los saladares al sur de la bahía de San Franciso (EE UU).

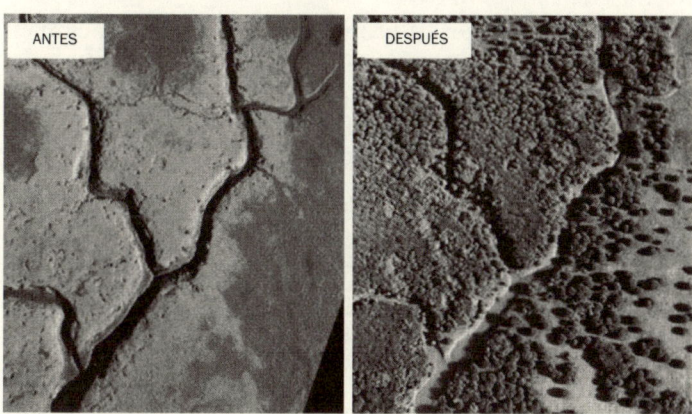

Reintroducir fantasmas del pasado: la controversia del *rewilding*

Los vastos bosques y llanuras de América, la tundra de Siberia o los Cárpatos de Rumanía pueden parecer salvajes y llenos de vida. Pero en todas ellas falta algo: los grandes animales que desaparecieron al final de la época del Pleistoceno, hace entre 15 000 y 10 000 años. En Estados Unidos, solo quedan huesos y el eco de las pisadas de los mamuts, camellos, gigantescos gliptodontes, leones, lobos enormes y tigres con dientes de sable que vagaron durante milenios por allí. Volver a recuperar esos ecosistemas anteriores a la proliferación trasformadora del hombre es el objetivo de lo que se conoce como *rewilding* (resilvestración o renaturalización en una traducción libre pero ya bastante aceptada), una concepción de la conservación a gran escala, destinada a devolver a un supuesto estado cercano al original (previo a la intervención humana) a los ecosistemas actuales, proporcionando conectividad entre las diversas zonas que conforman una región, protegiendo o reintroduciendo grandes depredadores y especies claves para aumentar la biodiversidad. Se busca alcanzar la autorregulación de los ecosistemas como si el ser humano no fuera un actor más de esos entornos.

Es difícil clasificar las propuestas de renaturalización en el marco lineal que hemos presentado aquí, con la biología de la conservación centrada en la recuperación de ciertas especies y poblaciones, la restauración ecológica trabajando a nivel de ecosistemas completos y la reforestación de especies arbóreas de valor económico centrada en el mantenimiento de algunos recursos concretos como la madera. La renaturalización propone, por ejemplo, que la entrada de bisontes en zonas donde no hay evidencias históricas de su presencia podría catalizar procesos ecosistémicos críticos para recuperar la funcionalidad de los ecosistemas, maximizar sus servicios y favorecer su recuperación. Algunos científicos sostienen que deberíamos traer de vuelta algunos de esos fantasmas, como parte de un controvertido movimiento para "resilvestrar" partes de Europa y América del Norte, ya sea reintroduciendo especies existentes, reviviendo otras extinguidas o intentando reconstruir ecosistemas enteros.

Los defensores de esta aproximación sostienen que una restauración de este tipo recuperaría procesos y beneficios ecológicos vitales pero perdidos. Sin mamuts, miles de uros y otros herbívoros (y sin lobos y grandes felinos que los controlaran), los pastizales enormemente productivos del Pleistoceno se convirtieron en los actuales bosques, matorrales y tundras musgosas, con una gran pérdida de complejidad y diversidad. Esa constatación provocó un esfuerzo creciente por recrear el pasado perdido, especialmente en

Europa. En la década de 1980, el ecologista holandés Frans Vera encabezó un esfuerzo por introducir razas primitivas de ganado y caballos como sus ancestros extintos en la Oostvaardersplassen, una reserva natural de 6000 hectáreas al este de Ámsterdam. Del mismo modo, el científico ruso Sergey Zimov emprendió una búsqueda personal para reintroducir el buey almizclero, el bisonte, los caballos de Yakutia y otros grandes herbívoros (y, finalmente, los tigres) en una zona de 14 000 hectáreas en el oeste de Siberia que bautizó como Parque del Pleistoceno y que se conoce también como *la pradera del mamut*. Pero muchos científicos plantean la preocupación de que los animales reintroducidos puedan actuar como especies invasoras dañinas (Carey, 2016).

Reintroducir especies que eran autóctonas es algo bueno, pero devolver especies equivalentes o *proxies* para llenar un supuesto nicho ecológico vacío es terreno abonado para generar problemas. Los efectos se pueden propagar en cascada por el ecosistema y la red alimentaria, afectando a todo, desde las plantas e insectos hasta los pequeños roedores, y podrían llevar a otras especies en peligro de extinción a números aún más bajos. La controversia también pone de manifiesto las profundas diferencias en la forma de ver el mundo natural que existen en la sociedad: mientras que nadie se ha opuesto a traer la tortuga del Bolsón a Estados Unidos, aunque podría considerarse invasora, hay mucha gente que se opone a la posibilidad de que haya leones, elefantes o guepardos en su territorio.

Europa también ha abrazado la renaturalización, aunque el esfuerzo se centra en los animales recientemente extintos y no en la recreación de la megafauna del Pleistoceno como en el caso de Estados Unidos. Un grupo llamado Rewilding Europe está reintroduciendo el bisonte europeo —el mamífero más grande del continente, que se extinguió en estado salvaje en 1927— en los Cárpatos meridionales y otros lugares. El grupo espera recuperar un millón de hectáreas para 2022, en beneficio de la naturaleza y las personas, ayudado en parte por el abandono de las tierras de cultivo. Los objetivos son restaurar los pastizales y las funciones del ecosistema (incluida la depredación) y crear una economía turística rural. En el Reino Unido, la organización sin ánimo de lucro Rewilding Britain, lanzada por el periodista George Monbiot y otros, planea recuperar especies como el lince, el castor y el lobo. La reintroducción de depredadores en las Tierras Altas de Escocia, por ejemplo, haría retroceder a la población de ciervos, lo que permitiría la recuperación de los árboles y el aumento de la biodiversidad. Pero pocos de estos esfuerzos están conduciendo a nuevos conocimientos científicos sobre la restauración ecológica.

Los movimientos los han liderado apasionados defensores como Monbiot en Gran Bretaña o la periodista Connie Barlow en Estados Unidos. Incluso los experimentos con grandes herbívoros en los Países Bajos y en Siberia han dado pocos resultados científicos, aparte de demostrar que los grandes animales reducen efectivamente el número de árboles. La renaturalización tiene posibilidades de funcionar como herramienta de restauración ecológica pero los estudios empíricos son escasos. Tal vez la mejor prueba del beneficio ecológico de la renaturalización proceda de las islas del océano Índico, donde la reintroducción de tortugas gigantes ha aumentado la germinación de plantas en peligro de extinción, como el raro árbol de ébano de Mauricio.

La controversia sobre esta perspectiva de la conservación continuará, sin duda, y puede recibir un gran impulso si las nuevas herramientas genéticas hacen posible la reingeniería (o "desextinción") de los mamuts lanudos y otras especies perdidas que seducen a la sociedad. Como en tantas cuestiones relacionadas con la urgencia que vivimos, la propuesta de renaturalizar no está exenta de dificultades técnicas. Unas dificultades a las que se suman consideraciones éticas, derivadas de la introducción de especies de cuya presencia no hay siempre evidencias. Especies de las que no existe conocimiento científico concluyente sobre las implicaciones reales y a largo plazo de su presencia para la biodiversidad y la funcionalidad de los ecosistemas receptores.

Nos gusta ver este proceso desde una perspectiva provocadora y de estímulo intelectual más que como una iniciativa de uso generalizado en territorios donde la transformación y el reajuste de hábitats y ecosistemas fueran generalizados. La visión de conservar especies y poblaciones en un marco que reconoce que todo lo heredado es susceptible de ser conservado, que promueve la Directiva Europea de Hábitats, es mucho más realista y comprometida. Igualmente, no podemos dejar de señalar que iniciativas de este tipo encuentra su mayor expresión y apoyo en zonas del planeta especialmente degradadas y maltratadas en términos de diversidad, como las Islas Británicas y los Países Bajos, donde la reversión del problema exige medidas ambiciosas y, si cabe, revolucionarias.

El abandono rural requiere replantear la conservación y la restauración ecológica

No resulta fácil librarse del debate que se plantea en muchas ocasiones sobre la conveniencia de retirarnos de determinados lugares y de dejar a la sucesión secundaria que opere. De forma proactiva no se plantea, aunque se hizo en tiempos no tan lejanos en amplias regiones de nuestro país que se aprovecharon para plantar pinos. Pero el debate vuelve a ponerse sobre la mesa cuando la gente abandona un territorio como consecuencia de las complejas dinámicas migratorias. El abandono rural es probablemente uno de los motores de cambio global más importantes en los países occidentales donde la gente abandona el campo y la gestión tradicional desaparece. El debate sobre lo que hay que hacer ante este éxodo a la ciudad está servido. Por un lado están los que plantean que la matorralización y la forestación secundaria asociada a la caída de la cabaña ganadera y al abandono de la agricultura son una gran oportunidad ecológica, aunque sea a favor de la instalación de bosques jóvenes y muy poco diversos. Esgrimen argumentos psicológicos asociados al valor superior que damos al bosque en nuestra cultura, una especie de "arbofilia cultural", con otros relacionados con la captación de carbono por los árboles y arbustos. Por otro lado, en el otro extremo, se situarían los que creen que la transformación radical y no dirigida del paisaje con el aumento de la superficie forestal llevará a plantas y animales de hábitats abiertos a la extinción. Recordemos que buena parte de las plantas y animales de las listas rojas de nuestro país se asocian a hábitats de carácter estepario seminaturales o decididamente antrópicos. También resulta incuestionable que el predominio de matorrales y árboles conllevaría el aumento de la biomasa (que con la sequía se convierte en combustible) haciendo más catastróficos y frecuentes los incendios y disminuyendo la oferta de agua como servicio ecosistémico.

Es llamativo asistir a discusiones enconadas sobre lo que hay que hacer en un territorio abandonado: si anteponer la perspectiva demográfica o la económica, pero rara vez hablamos de la derivada ecológica; curioso, dado que esta última es la base de todo lo demás. La posibilidad de instalar grandes infraestructuras de energía renovable en estos espacios rurales puede ser una herramienta potente para luchar contra la emergencia climática, pero las consecuencias en términos de reversión del abandono rural (la llamada España vaciada) y, sobre todo, las consecuencias ecológicas en términos de pérdida o mantenimiento de diversidad biológica, funciones ecológicas y de servicios ecosistémicos merecen un esfuerzo de análisis mucho mayor. Cada visión tiene sus pros y contras, de manera que el debate tiene difícil solución desde el punto de vista ecológico. Solo cabe explicar lo que ocurre en cada caso para que los gestores estén bien informados y decidan en consecuencia y sin olvidar la ecología, que es la base de todo lo demás.

CAPÍTULO 7

Reflexiones y propuestas de acción

¿Por qué no hacemos nada?

Hemos descrito la crisis ambiental, el elefante en la habitación sobre el que lleva mucho tiempo alertando la comunidad científica pero al que nadie se toma la molestia de mirar con atención. Pero ¿por qué el mensaje científico, y los consiguientes movimientos ambientalistas, no se han traducido en medidas eficaces? ¿Por qué seguimos hoy con los problemas que ya se planteaban en 1970 o, de una manera coordinada, en la Cumbre de la Tierra de Río de Janeiro en 1992? Como comentábamos al inicio de este libro, no es fácil encontrar una única respuesta a estas preguntas, pero podemos aludir a la existencia de tres inercias que explican la falta de acción y que se complementan. Por un lado, tenemos la inercia humana de origen biológico que nos hace reacios a cambiar y propensos a seguir haciendo las cosas como siempre. Es el impulso que nos hace adquirir hábitos y seguir tradiciones, una tendencia con valores positivos, que dan continuidad y sentido a muchas de nuestras acciones, pero que se nos vuelve en contra a la hora de enfrentarnos a situaciones nuevas, que exigen un cambio profundo como el que requiere dejar de relacionarnos con la naturaleza como lo estamos haciendo.

Por otro lado, la inercia del sistema económico. Hemos creado un sistema económico que, centrado en un crecimiento ilimitado y matemáticamente imposible, arrastra a nuestros Gobiernos. Un sistema que engulle o derriba cualquier alternativa de organización, gobernanza y estructura de progreso y desarrollo que difiera de la establecida. Es la inercia de una forma de progreso que conlleva una huella ambiental grande y creciente; la que genera una clase política desbordada por los requerimientos materiales y cortoplacistas de la economía predominante, la capitalista. Finalmente, la tercera de las inercias es la que generan los tiempos de reacción de los sistemas naturales. Modificar la tendencia en el clima es algo lento. Por muy bien que se hagan las cosas reduciendo emisiones de gases de efecto invernadero, corregir la degradación ambiental en general, del mismo modo que ver crecer un bosque a partir de unos juveniles recién plantados, lleva mucho tiempo y la sociedad actual no se caracteriza precisamente por cultivar la paciencia. En cualquier caso, mirando al futuro y viendo la velocidad a la que avanzan el cambio climático y la degradación ambiental, es evidente que andamos muy escasos de tiempo para hacer virar el barco.

Afortunadamente, las tres inercias se pueden modificar en aras de una salud global. La primera, aplicando el conocimiento de la biología, de la psicología y de la sociología para contrarrestar nuestras tendencias innatas a mantener el rumbo. La segunda, reconociendo que es vital que la economía empiece a caminar de la mano de la ecología, porque es un disparate que el modelo económico imperante suponga la destrucción del planeta en el que vivimos. El capitalismo es un convenio que emplea el producto interior bruto como medida de desarrollo, una simplificación arbitraria que deja fuera muchos otros parámetros, como el bienestar y la justicia social o la felicidad de las personas. Por tanto, de la mano de nuevos economistas, filósofos, politólogos y otros expertos debemos ir modificando la forma en la que ganamos dinero y generamos riqueza, redefiniendo los conceptos de progreso y éxito. La tercera inercia, los largos periodos de tiempo que requiere la recuperación de los problemas ambientales, también podemos cambiarla de la mano de la restauración ecológica, en este caso acelerando procesos clave y asegurando que ocurran algunos que se han perdido o hemos bloqueado.

Una sociedad desequilibrada

Ante la crisis climática y la pérdida de biodiversidad parece evidente que no hacer nada no es una opción. Buena parte de la ciudadanía vive en condiciones inaceptables agravadas por esta crisis ambiental y debemos fijar algunas metas básicas para revertir este problema. Metas como reducir nuestra dependencia de los combustibles fósiles, reducir la huella de carbono de cada habitante, restaurar los ecosistemas dañados y, sobre todo, mover nuestra visión antropocéntrica hacia una más biocéntrica, en la que la biodiversidad, en cualquiera de sus niveles de organización y expresión, sea algo más que un recurso para nosotros. Se trata de buscar, en definitiva, una forma de vida más respetuosa con la naturaleza.

Pero ¿cómo se hace eso? Los cambios en la sociedad compleja que hemos creado son difíciles de articular y acometer. Nos enfrentamos a un problema de tal magnitud que las soluciones para afrontarlo no pueden ser sencillas y requieren acciones procedentes de diferentes ámbitos. Por muy poderosas que nos resulten la ciencia y la tecnología, los desafíos de nuestro tiempo no se pueden solucionar solo desde ahí. El acercamiento debe ser multidisciplinar y abarcar otras áreas del conocimiento como la sociología, la política, la psicología y la filosofía, porque para cambiar el rumbo como sociedad lo primero que tenemos que saber es hacia dónde queremos ir, en qué tipo de sociedad nos queremos convertir. Y no se trata solo de un acto de bondad y respeto hacia el resto de los seres vivos, que también, sino de una necesidad acuciante de nuestra especie si queremos seguir habitando el planeta.

La humanidad está compuesta por un crisol enorme de maneras de entender el mundo y de sociedades diferentes que viven subyugadas por los países, empresas y economía dominantes. Una economía basada principalmente en el crecimiento de la producción y el consumo. Un marco económico en el que todos los servicios que proceden de la biodiversidad y el capital natural no computan en las cuentas de resultados y, lo que es más grave, los beneficios solo son para unos pocos. Es como si estuviéramos en una enorme fiesta cuyo éxito se basara en la exuberancia, el gasto desmedido y la producción sin freno; una fiesta de los excesos (exceso de consumo de energía, exceso de comida, exceso de productos), en la que solo una pequeña parte de los asistentes está disfrutando, y lo hace a costa del sufrimiento del resto de sus congéneres y también del resto de seres vivos. Para cambiar esta dinámica, debemos redefinir qué es vivir bien, qué es el bienestar y desvincular, de una vez por todas, la cantidad de bienes de los que disponemos de la calidad de vida de cada uno de nosotros. La posesión de bienes no puede ser el fin último y único de nuestra existencia, porque el dinero ni se respira ni se come ni nos cura cuando estamos enfermos. Es más, en esta carrera por tener más de todo, son muchas las personas que afrontan serios problemas psicológicos, ya que no mantener ese ritmo de consumo les provoca ansiedad.

Como casi siempre, es la sociedad civil la que está reaccionando ante la emergencia que tenemos delante. Las grandes corporaciones y la clase política trabajan, en general, a muy corto plazo y no priorizan esta demanda con la celeridad que sugieren las evidencias de los impactos previstos. La propuesta radical de disminuir el consumo como herramienta básica para enfrentarnos al problema va tomando fuerza a pesar de todas las objeciones por parte de gobernantes, grandes empresas y buena parte de la sociedad. Lo que tenemos claro es que sin ese decrecimiento económico, las cuentas energéticas y los compromisos de reducción de emisiones no cuadran.

Nuestro poder como consumidores y ciudadanos

Cada persona se enfrenta de una manera diferente a la crisis ambiental que hemos disparado. Muchos de los habitantes del mundo se levantan cada día y luchan para cubrir sus necesidades más básicas (comer y calentarse), por lo tanto, no pueden parar para plantearse nada más. Su supervivencia y la de los suyos no permite un análisis que vaya más allá. Sin embargo, superado ese umbral de necesidad perentoria, hay quienes no perciben que haya ningún problema y siguen adelante con sus vidas sin plantearse nada más, aunque confiamos en que cada vez sean menos. Están quienes consideran que la tecnología y los avances científicos nos salvarán de esos problemas de los que, justamente desde el ámbito científico en el que confían, llevan advirtiendo varias décadas. Después están quienes, ante lo apabullante de los datos, se quedan paralizados y optan por no hacer nada. La "ecoansiedad" los devora e inmoviliza.

Sin embargo, las acciones individuales, por pequeñas que puedan parecer, sirven para enfrentarnos a este cambio antrópico y ayudan a cambiar las cosas. El tamaño de la tarea no puede ser una excusa para no comenzar a realizarla, porque hasta las pirámides de Egipto o el acueducto de Segovia comenzaron también por un granito de arena.

LA ACCIÓN INDIVIDUAL NO ES SUFICIENTE, PERO SÍ NECESARIA

Es cierto que las acciones individuales no van a poder solucionar el cambio global y la crisis de la biodiversidad, ya que para salir de esta encrucijada se necesitan acciones a escala planetaria. Esa tendencia a echar sobre los hombros de cada individuo la responsabilidad de la crisis global no solo es injusta, sino que sirve para que desde las instituciones se siga sin hacer demasiado.

Se necesitan acciones colectivas e integradas, pero eso no quiere decir que nuestras decisiones y pequeñas acciones en el día a día no sirvan para nada, porque para lograr un movimiento social significativo se necesita la voluntad individual de muchas personas que, por separado, efectivamente, serían insignificantes ante el reto que enfrentamos. En cuanto al cambio climático, se calcula que solo la acción individual es capaz de neutralizar más de la quinta parte de todas las emisiones de gases de efecto invernadero. Sabemos que haciendo cosas, movilizándonos, nos empoderamos y nos ponemos en mejor disposición para exigir acciones a quienes tienen una cuota mayor de responsabilidad, como son los gobernantes y los líderes de grandes empresas y grupos financieros.

Por ejemplo, reducir el consumo de carne y proteína animal se nos antoja como una primera medida fácil de implementar. No se trata de hacer desaparecer la ganadería o la pesca, sino de hacerla más sostenible, más justa desde la perspectiva animal e integrada en los procesos naturales. El consumo de proteína animal no puede ser la norma, sino que debe completar nuestra dieta ocasionalmente.

Las ideas se resumen en reducir el consumo y exigir un comportamiento sostenible a las empresas que se mantienen gracias a nuestra demanda. Exigir a los gestores, a quienes conducen las políticas, que tengan una visión a largo plazo e incluyan en sus programas medidas de calado, profundas, revolucionarias y no solo estéticas, para paliar la crisis de la biodiversidad. Recordemos que son las tendencias sociales en lo que se fijan las empresas y los países para caminar por un rumbo u otro. Si desde los países ricos rompemos la dinámica de trabajar más para ganar más, para comprar más, para tener más y comenzamos a mirar a nuestro alrededor y a exigir que todo el mundo, todo, también los que viven en países pobres, tenga comida y bienestar, es posible que la inercia política comience a cambiar. Será a costa de tener menos comida en los supermercados y, en general, menos lujos superfluos, pero, si no se revierte la situación actual, tarde o temprano aumentarán los enfrentamientos por unos recursos que serán cada vez más escasos y, en definitiva, mucho más costosos en todos los sentidos. Es conveniente que cada uno trate de ampliar su mirada y comience a contemplar otras perspectivas.

A la actual, la llamamos sociedad de la información por la gran cantidad de datos que circulan sin parar. Deberíamos por lo tanto ser capaces de acceder a esa información para poder tomar decisiones informadas. Desafortunadamente surgen dos dificultades a las que debemos enfrentarnos. Por un lado, la desinformación y la gran capacidad de las redes sociales y muchos grupos de influencia de esparcir a nivel global tanto los mensajes contrastados como los falsos. Por otro lado, los algoritmos que se utilizan para que la web y las redes alimenten nuestras consultas con los contenidos que supuestamente más nos interesan provocan un aislamiento que nos hace creer que lo que leemos y las personas de las que nos rodeamos son representativas de la sociedad o incluso de la humanidad. Así, se van creando grupos estancos que se autoafirman en sus creencias y consideraciones, llegando a creer que son mayoría, que el mundo sigue su tendencia. Pero no es así. Cada vez más los individuos nos movemos en islas informativas y de opinión que nos reafirman en aquello que nos mueve, independientemente de lo acertado, contrastado o justo que sea. Un aspecto clave del que debemos tomar más consciencia para poder cambiarlo.

Medidas políticas globales

En la actualidad, el 10% de la población mundial, el grupo de los más ricos, provoca más del 50% de las emisiones de gases de efecto invernadero, mientras que el 50% de la población más pobre genera solo el 7%. Con estos datos parece claro que los cambios en la relación con el planeta de esa minoría más rica es una prioridad de consecuencias muy relevantes. Además de porque sería lo más justo, no cabe ninguna duda de que somos los que más contaminamos y somos los responsables fundamentales del calentamiento global y de buena parte de la sobreexplotación de recursos y de contaminación de tierras, aguas y aires. Es importante tener claro que el consumo de recursos y la emisión de gases de efecto invernadero de esa minoría que reside en los países mal llamados desarrollados debe revertirse si queremos resolver un problema global, lo cual exige medidas políticas de enorme calado y valentía.

Sabemos que es posible implementar estas medidas de forma coordinada porque tenemos un ejemplo de éxito, el de la recuperación de la capa de ozono de la mano de una investigadora revolucionaria, Susan Solomon. El problema era la destrucción de la capa de ozono estratosférico que provocaba la acumulación en la atmósfera de un conjunto reducido de moléculas de origen industrial. Cuando las evidencias del problema resultaron incontestables se pasó a la acción. En las décadas de los años ochenta y noventa del pasado siglo, gracias al Protocolo de Montreal, se logró que el esfuerzo internacional revertiera una situación que parecía límite.

La visión de las grandes empresas, las instituciones internacionales y políticas locales debería redirigirse para comenzar a mirar a largo plazo, entendiendo sus actividades desde una perspectiva más global que la económica. Los periodos de actuación que manejamos con nuestra toma de decisiones son extremadamente largos para que los efectos de las medidas ambientales reviertan el problema. Como en el caso de la educación, el cambio de tendencia que puede generar la puesta en marcha de determinadas acciones solo es visible pasadas algunas décadas. En este sentido hay dinámicas sociales y económicas que se deberían parar en seco. Hay muchos ejemplos. Tratados como el de la Carta de la Energía que, al favorecer la industria de los combustibles fósiles, impide *de facto* que los países impulsen el desarrollo de energías limpias como la solar o la eólica; la tendencia de los países desarrollados a jugar con las cifras para externalizar su huella de carbono contabilizando solo lo que producen y no lo que consumen; o la reciente decisión de la comisión la Unión Europea que ha decidido etiquetar como verdes las energías nuclear y la procedente del gas en la taxonomía que guía a los inversores financieros. Resulta imposible calificar como limpia, ecológica o verde una energía cuyos residuos mantienen su poder contaminante y letal durante miles de años.

COMO UN COHETE

Cuando lanzamos un cohete al espacio o despega un avión, la cantidad de energía que necesitamos en el inicio es muy grande. Sin embargo, una vez que el artefacto está en órbita o ha llegado a su altitud de vuelo, la energía que necesita para mantenerse es mucho menor. Este podría ser un símil de lo que debemos aplicar al desarrollo de los países. Alemania, Estados Unidos, Australia o España deben trabajar por mantenerse, pero en realidad pueden y deben reducir su consumo de energía. Sin embargo, países como Mali, Paraguay, Mongolia o Etiopía necesitan alzar el vuelo y, para ello, necesitan disponer de más energía. El desafío está en que los primeros ayuden a los segundos a salir adelante con la menor huella ambiental posible, es decir, atajando la sucia etapa de la industrialización por la que pasaron los primeros.

Otro de los aspectos que hay que afrontar sin prejuicios es el crecimiento desmedido de la población humana a nivel mundial, un tema delicado y profundamente mediatizado por diferentes visiones religiosas e ideológicas (figura 4). Los indicadores demográficos indican que aunque seguimos creciendo, ya no lo hacemos a un ritmo tan acelerado y constante. Este sutil cambio demográfico abre esperanzas y se ha debido, sobre todo en los países más desarrollados, a dejar de tratar a las mujeres como ciudadanas de segunda. Es decir, potenciar su educación, permitir que desarrollen sus inquietudes y facilitar herramientas para que puedan elegir cuándo y cómo quieren tener hijos. Igualar los derechos de hombres y mujeres a nivel mundial reduciría la natalidad sin poner en peligro el mantenimiento de nuestra especie, ya que la esencia de lo que somos, seres vivos, es una pulsión tan fuerte que nuestra descendencia está más que asegurada.

Hay otros factores apremiantes y hasta quizá más fáciles de acometer. Entre ellos, la reducción de la huella ambiental per cápita, que no incide en cuántos somos, sino en cuánto consumimos y cuántos residuos generamos cada uno de nosotros. Ahí el margen es grande, sobre todo si pensamos que un ciudadano medio de Bangladesh produce, a lo largo de su vida, una huella de carbono 10 veces menor que la de un ciudadano medio europeo y 30 veces más pequeña que la de un ciudadano medio estadounidense. Si comparamos la huella de una persona de Bangladesh con la de una de las que pertenecen al 1% más rico del mundo, habría que multiplicar por 300.

Para permitir que haya ecosistemas funcionales, hay que dejar espacio para que las especies se desarrollen de forma independiente y autónoma sin que enredemos con ellas. No podemos seguir comerciando con especies silvestres, eliminando millones de ejemplares de animales como los insectos que, lo queramos ver o no, son básicos para que exista todo lo demás o creando granjas enormes en las que los virus se expanden al no encontrar barreras. Todo eso por no hablar del comercio ilegal de especies y otros delitos medioambientales que, según el informe de UNEP-INTERPOL, *The rise of environmental crime*, se alzan a la tercera posición en el *ranking* de delitos más lucrativos a escala mundial, solo por detrás del tráfico de drogas y la falsificación.

Tenemos evidencias de que cuando restauramos los sistemas naturales con medidas como la reintroducción de especies clave, la naturaleza responde. La reintroducción de invertebrados y peces en la bahía del río Hudson, en Nueva York, que en poco tiempo mejoró la calidad del agua del río en una de las zonas más contaminadas del mundo; el éxito de la reintroducción del lobo en Yellowstone, que en menos de un lustro recuperó las funciones ecosistémicas perdidas; los buenos resultados de las reservas marinas, con casos como la recuperación de la población de tortugas de las Seychelles o la mejora de la pesca en entornos cercanos a estas áreas; o el regreso de aves y mamíferos en el río Manzanares, en Madrid, o en la ría del Nervión, son ejemplos que deberían inspirarnos.

Desde un punto de vista estrictamente demográfico, redistribuir la población mundial evitando la concentración excesiva en grandes ciudades que, como sabemos, soportan muy mal los eventos climáticos extremos, parece una estrategia básica. Una estrategia compatible con la modernización, naturalización y humanización de las ciudades actuales. Es también imprescindible reforzar los sistemas de salud a escala global, porque los virus y las enfermedades no entienden de fronteras. Con las herramientas de las que disponemos, la acción más efectiva para evitar pandemias como la vivida en 2020 es la detección temprana que permita acotar y frenar su expansión. De hecho, hay ejemplos de éxito: los virus de la gripe aviar, cuya expansión se frenó en 1997 y 2014, o la contención del ébola en 2014.

Otra medida es tratar de disminuir el grado de deslocalización a la hora de producir bienes de consumo, porque cuando vemos los efectos de nuestras acciones en el entorno más cercano, nos resulta más difícil mantenerlas. Si los responsables de grandes firmas de ropa vivieran a unos cuantos kilómetros en lugar de a miles del lugar donde se producen las prendas que venden, verían en directo el efecto de una manera poco respetuosa de producir y seguramente actuarían de otra manera. Este efecto se da exactamente igual con la producción alimentaria, las explotaciones mineras, el turismo masivo o los fondos de inversión que gestionan miles de viviendas. Porque deslocalizar hace mucho más fácil deshumanizar nuestra forma de producir y consumir, ya que basta con no interesarse para no detectar las consecuencias de nuestras acciones.

Por último, a nivel global sería mucho más inteligente dejar de gastar en armamento para protegernos del resto de seres humanos e invertir en cuidarnos y en el bienestar de todos los habitantes del planeta. Si todos tuviéramos nuestras necesidades cubiertas habría menos gente dejándose llevar por los caprichos de un porcentaje muy pequeño de milmillonarios cuya estrategia se basa en hacer que sean los pobres los que se pelean con los más pobres en aras de mantener su forma de vida.

Medidas en el sistema alimentario global

Los paisajes que conocemos son el resultado de la acción directa y el manejo de los hábitats naturales por parte del ser humano a lo largo de miles de años. Un cambio que ha ido ligado al incremento de las poblaciones humanas y a sus importantes movimientos migratorios, desde el éxodo del medio rural al urbano hasta la huida de zonas cada vez más áridas por efecto del cambio climático, combinado con la sobreexplotación del agua y los recursos y con la destrucción masiva de los ecosistemas. En toda esta transformación planetaria la agricultura y la ganadería han jugado un papel fundamental y ha llegado el momento de replantear seriamente y de forma global todo el sistema alimentario no ya para dar de comer a la humanidad, sino para mantenerla con unos niveles mínimos de salud global e individual.

Reestructurar la ganadería reduciendo la producción de carne y favoreciendo que la vegetación se desarrolle en muchas zonas ganaderas abre opciones para fijar carbono y mitigar el cambio climático. Sabemos que mediante la restauración ecológica amplias zonas del planeta dedicadas a la producción de carne podrían transformarse en sistemas capaces de retener el carbono suficiente para no exceder 1,5 °C (Hayek *et al.*, 2020). Paradójicamente, replantear el sistema alimentario global conlleva producir menos alimentos. Eso sí, de mejor calidad, de forma más sostenible y con una menor huella ambiental. La forma actual de producir alimentos provoca la pérdida de diversidad de las especies que cultivamos o criamos y su homogeneización, ya que la diversidad de especies y de razas, y formas dentro de cada especie se pierden en aras de la producción homogénea de un reducido elenco de variedades de animales y plantas. También debemos repensar muy seriamente lo de mantener los precios del mercado alimentario estables por encima de cualquier otro objetivo a base de tirar productos.

Reducir las importaciones agrícolas resulta complicado, ya que plantea cuestiones complejas desde la perspectiva política en torno al comercio internacional y la seguridad alimentaria, además de tener fuertes grupos de presión en su contra. Como ocurre con todas las medidas para reducir los efectos de la crisis ambiental, es evidente que las medidas no se pueden tomar de un día para otro y de forma unilateral, pero es necesario comenzar a pensar e incentivar el consumo de alimentos que se producen cerca, de cara a evitar los elevados costes del transporte. Esta medida favorecería que en los lugares donde se produce a través de monocultivos se pueda abandonar progresivamente la agricultura intensiva y retomar áreas de producción tradicional con las que se pueda alimentar a la población que vive en esas zonas. En la actualidad, se da la paradoja de que en lugares donde se cultivan grandes cantidades de soja o cereales, la población local sufre desnutrición, porque ya no existen las pequeñas explotaciones que antiguamente les daban de comer y el producto de su trabajo sale directamente a otros países a cambio de muy poco dinero para los productores locales.

Una medida de aplicación potencialmente inmediata es la del etiquetado. Igual que cuando compramos una nevera sabemos su eficiencia energética, cuando compramos una piña o un filete de pollo, deberíamos saber no solo su valor nutricional, sino también su huella ecológica. Solo habría que crear etiquetas que informaran de manera sencilla y clara para que sigamos comprando lo que queramos, sí, pero lo hagamos conociendo las consecuencias de esa compra. Se trataría de dejar la decisión en manos de consumidores adultos, responsables y bien informados, que puedan elegir sabiendo qué aporta cada alimento a su salud y cómo afecta al medioambiente. Asimismo, una vez asegurada la alimentación y la salud de todos, especialmente en los países más desfavorecidos, debemos incluir los costes de los daños medioambientales en los precios de los alimentos. Acometer este tipo de cambios supone enfrentarse a grandes intereses económicos. En lugar de intentar una lucha directa contra el sector, es sin duda más inteligente trabajar en programas educativos que aumenten la concienciación y que muestren la relación entre las opciones de consumo y la degradación del medioambiente. La educación es el arma más poderosa, pero requiere tiempo y un esfuerzo continuado, algo de lo que cada día andamos más escasos.

El papel de la ciencia

La gestión para la conservación de la biodiversidad y la restauración ecológica constituyen un eje fundamental en la respuesta que un planeta maltrecho y profundamente enfermo requiere. Las soluciones informadas por la ciencia no están exentas de dificultades técnicas, pero tampoco éticas. Por tanto, el esfuerzo para resolver esta aparente confrontación necesita mucha sensibilidad. Así, los científicos deben ser conscientes de que las herramientas que se desarrollen y propongan puedan retar a las conciencias de la ciudadanía, de manera que esas visiones deban ser incluidas en nuestros planes de acción científica y técnica. Por ejemplo, la erradicación de fauna invasora para la restauración de ecosistemas dañados puede enfrentarnos a dilemas éticos que emanan de la percepción negativa de estas medidas por una parte de la sociedad. Por otro lado, la ciencia tiene que estar más próxima a una sociedad más concienciada y activa políticamente, de manera que a lo largo del proceso del que emerja una nueva conciencia ética y su traslado al derecho a través de la lucha política no falte información científica.

LA PARADOJA DE LA FE CIEGA EN LA CIENCIA

Es curioso cómo el número de personas que confía en que la ciencia nos salvará de la crisis ambiental es inversamente proporcional al número de medidas que se proponen desde el mundo científico. Un elevado porcentaje de la población piensa que gracias a la investigación y la tecnología alguien aparecerá con una solución mágica que arreglará los problemas, cada día más acuciantes, que enfrentamos. Sin embargo, los científicos llevan avisando, y nadie parece haber tomado nota de una manera seria, de la necesidad de tomar medidas urgentes, como

Estamos en un momento histórico en el que hay una confianza ciega en la tecnología. Nuestra fe es tal que llegamos a olvidar la responsabilidad individual que todos debemos cultivar. Es, además, primordial hacer un acercamiento multidisciplinar que incluya las ciencias sociales, el arte, la psicología, la literatura a este reto ambiental global. Una crisis de la magnitud de la que estamos hablando necesita que se cambien muchas cosas y que lo hagamos sin dejar a nadie atrás. Para ello, debemos echar mano de todo el conocimiento y experiencia, escucharnos y crear estrategias que impliquen a grandes sectores de la población, no solo a los científicos. La ciencia tiene herramientas para medir, cuantificar, analizar y proponer teorías. La perspectiva científica debe de ser capaz de contener la información basada en la experiencia de la ciudadanía. En este sentido, es importante contar con quienes viven en cada región, escuchar las necesidades e inquietudes de las personas que habitan y mantienen los entornos naturales, desde áreas rurales de países industrializados a las tribus de grandes espacios verdes como la Amazonia. No se puede simplemente imponer una serie de estrategias que, en ocasiones, se elaboran en despachos ubicados en entornos muy alejados de esos ecosistemas que pretenden arreglar.

Vivir con la naturaleza

Las fluctuaciones, a veces brutales, en los tamaños de las poblaciones silvestres aunque tienen consecuencias muy llamativas entran dentro de lo que podríamos llamar *normalidad* y pueden ser parte de lo que podríamos considerar un ecosistema sano. Sin embargo, las disrupciones demográficas consecuencia de la actividad del hombre son algo completamente nuevo y diferente. Muchas poblaciones de especies que cohabitan con nosotros están completamente descontroladas con consecuencias negativas en el funcionamiento de los ecosistemas y de los servicios que nos aportan. Poblaciones de jabalíes, corzos o conejos constituyen en muchas ocasiones problemas severos como consecuencia de esas disrupciones. Por otro lado, la población mundial de nuestra especie ha sobrepasado los 8000 millones y no deja de crecer. Esta explosión demográfica salvaje tiene consecuencias a todos los niveles, desde la extinción de especies a la proliferación descontrolada de aquellas invasoras, pasando por el descontrol poblacional de muchas con las que coexistimos. La Tierra es el lugar al que pertenecemos, formamos parte de ella. Lo que le hacemos al planeta nos lo hacemos a nosotros mismos. Este es nuestro hogar y está en nuestras manos elegir cómo lo habitamos (figura 8).

Sabemos que las acciones que ejercemos sobre los ecosistemas tienen efectos destructivos sobre la diversidad biológica. Sabemos que nosotros somos parte de esos ecosistemas y que las reglas que operan sobre el resto de los componentes del ecosistema nos afectan como al resto. Sin embargo, nuestra visión cultural nos empuja a ver todo lo que ocurre en nuestro entorno desde una visión antropocéntrica. Solo si viramos esta visión y asumimos que nosotros somos parte de la biodiversidad, una pieza más de un engranaje ecosistémico complejo, tendremos una oportunidad para resolver este follón en el que nos hemos metido. No sabemos qué es bueno o malo, un planteamiento simplista que en ecología no tiene ningún sentido, pero sí hay suficientes evidencias y conocimiento sobre el sistema Tierra como para establecer los problemas a los que tenemos que hacer frente para garantizar nuestra supervivencia y bienestar. El planteamiento debe hacerse sin olvidar que, igual que en nuestra propia salud, los factores implicados son muchos y no sirve centrarse en salvar una especie concreta (o cuidarnos mucho la vista) sin pensar en el conjunto (mantener en buen estado el resto del cuerpo). Además, existen muchas sensibilidades entre nosotros, de manera que cada vez se complica más la gestión de temas como las plagas o las especies invasoras. Hace apenas dos décadas, aplicar medidas como la eliminación de cotorras porque impedían el desarrollo y la supervivencia de otras especies nativas, por ejemplo, no suponía un problema. Hoy en día, una decisión como esa provoca movilizaciones ciudadanas, dificultando más, si cabe, la toma de decisiones relacionadas con la gestión para la conservación.

Figura 8

El éxodo rural plantea muchas reflexiones sobre nuestro modo de vida y abre oportunidades para establecer una nueva relación con la naturaleza. Bajo estas líneas, pueblo abandonado de Otal (Huesca, foto de Agustí Hernández).

Consideramos que es imprescindible fijar objetivos sobre la base del conocimiento científico del que disponemos en relación con los servicios ecosistémicos que recibimos. Datos como que la temperatura media del planeta ha subido, que la cantidad y variedad de especies animales y vegetales ha disminuido, que no se puede consumir más de lo que el planeta produce, que cada año utilizamos miles de toneladas de combustibles fósiles que, independientemente de la cantidad que quede en el subsuelo del planeta, tardan miles de años en producirse, que el agua dulce del planeta es una parte muy pequeña del total y que verter plásticos y productos fitosanitarios como los nitratos o los fosfatos junto a muchos otros elementos químicos la contaminan convirtiéndola en veneno, tanto para nosotros como para el resto de los seres vivos que forman la biodiversidad, son fáciles de entender. El listado es grande y no encontramos excusas para retrasar la implementación de medidas.

Algunos científicos como Edward Wilson plantean la idea de dejar media tierra sin tocar. Ya que no somos capaces de convivir con las demás especies, esta opción plantea dejar en paz esa media Tierra que aún mantiene una razonable integridad ecológica para evitar la eventual desintegración de la red de la vida incluyendo la humana. Basar esta idea en una sacralización de la naturaleza o tratar de volver a su estado primigenio no nos parece una buena estrategia. No lo es, o no lo parece, porque no queda ningún espacio natural que no hayamos modificado y dado el número de personas que somos, no podemos actuar como si no estuviéramos, no podemos escondernos. Parece muy conveniente mantener espacios concretos como los parques nacionales, en el caso de un país, o la Antártida, en el caso del mundo, protegidos ante la insaciable codicia del sistema. Pero, además de eso, tendríamos que aprender a convivir con la naturaleza que nos rodea. Aunque solo sea por egoísmo, para sobrevivir como especie, conviene que dejemos de tratar a los sistemas biológicos que nos rodean como si fueran un proveedor infinito de servicios, porque no lo son. Convendría que dejáramos de actuar como si el resto de los seres vivos estuvieran a nuestro servicio y comenzáramos a trabajar por convivir en cierta armonía con la naturaleza, no frente a ella. Nos va la salud en ello. La del planeta y la nuestra.

Bibliografía

BARBOZA, E. P. *et al.* (2021): "Green space and mortality in European cities: a health impact assessment study", *The Lancet Planetary Health*, vol. 5, 10, pp. e718-e730, en https://n9.cl/zkoc3.

BUCKLEY, R. *et al.* (2019): "Economic value of protected areas via visitor mental health", *Nature Communications*, 10 (5005).

CAREY, J. (2016): "Core concept: rewilding", *Proceedings of the National Academy of Sciences*, 113 (4), pp. 806-808, en https://n9.cl/vv3yf.

CHAKRABARTY, R. K. *et al.* (2021): "Ambient PM2.5 exposure and rapid spread of COVID-19 in the United States", *Science of The Total Environment*, 15 (760), 143391.

EBI, K. L. *et al.* (2021): "Extreme Weather and Climate Change: Population Health and Health System Implications", *Annual Review of Public Health*, 42, pp. 293-315, en https://n9.cl/axcx0a.

ELSER, J. J. (2012): "Phosphorus: a limiting nutrient for humanity?", *Current Opinion in Biotechnology*, 23, pp. 833-838.

FINLAYSON, C. *et al.* (2007): "Gorham's Cave, Gibraltar—The persistence of a Neanderthal population", *Quaternary International*.

GÓMEZ CAMPO, C. *et al.* (1987): *Libro Rojo de las planas amenazadas de la Península y Baleares*, ICONA, Madrid.

GREEN, R. E. *et al.* (2010): "A draft sequence and preliminary analysis of the Neandertal genome", *Science*, 328 (710).

HAYEK, M. N. *et al.* (2020): "The carbon opportunity cost of animal-sourced food production on land", *Nature Sustainability*, en https://n9.cl/lgzds.

MARTÍNEZ FERNÁNDEZ, J. (2022): "¿Es infinita el agua?", *The Conversation*, 3 de enero, en https://bit.ly/3LpTyxX.

MARTÍNEZ-VALDERRAMA, J. *et al.* (2020): "Discarded food and resource depletion", *Nature Food*, 1, pp. 660-662, en https://n9.cl/bnpcv0.

PERSSON, L. *et al.* (2022): "Outside the Safe Operating Space of the Planetary Boundary for Novel Entities", *Environmental Science & Technology*, 56, pp. 1510-1521, en https://bit.ly/37JsGdK.

PLOWRIGHT, R. K. *et al.* (2021): "Land use-induced spillover: a call to action to safeguard environmental, animal, and human health", *Lancet Planet Health*, 5, abril, pp. e237-e245, en https://bit.ly/3voMH25.

RANDERS, J. y GOLUKE, U. (2020): "An earth system model shows self-sustained thawing of permafrost even if all man-made GHG emissions stop in 2020", *Scientific Reports*, 10, 18456, en https://go.nature.com/36TIqtY.

REVELL, L. E. *et al.* (2021): "Direct radiative effects of airborne microplastics", *Nature*, 598, pp. 462-467, en https://bit.ly/3OI589B.

SALA, O. *et al.* (2020): "Environmental sustainability of European production and consumption assessed against planetary boundaries", *Journal of Environmental Management*, 269, en https://bit.ly/3vI4Ab6.

STEFFEN, W. *et al.* (2015): "Planetary boundaries: Guiding human development on a changing planet", *Science*, vol. 347, 6223, en https://n9.cl/z5448.

STROPP, J. *et al.* (2020): "The ghosts of forests past and future: deforestation and botanical sampling in the Brazilian Amazon", *Ecography* 43(7), pp. 979-989, en https://n9.cl/k8dk3.

SUPRAN, G.; RAHMSTORF, S. y ORESKES, N. (2023): "Assessing ExxonMobil's global warming projections", *Science*, vol. 379, 6628, en https://n9.cl/jcvkd.

TANNER, E. *et al.* (2019): "Wolves contribute to disease control in a multi-host system", *Scientific Reports*, 9, 7940, en https://go.nature.com/3voE3k6.

VALLADARES, F. (2021): "Abordar el metano para salvar el planeta (y nuestro futuro)", *Ethic*, 20 de diciembre, en https://bit.ly/3kmFrNL.

YOUNG, P. J. *et al.* (2021): "The Montreal Protocol protects the terrestrial carbon sink", *Nature*, 596, pp. 384-388, en https://go.nature.com/3MwdkaU.